主编：桂业琨

编审组人员：

桂业琨　吴松勤　哈成德　薛绍祖

目　录

第一章 概 述

第一节 《建筑地基基础工程施工质量验收规范》内容综述

一、概况

根据建设部建标[1997]108 号文要求，于 1998 年以上海建工集团总公司所属上海市基础工程公司为主，并组织了中国建筑科学研究院地基所、建设部综合勘察研究设计院、中港第三航务工程设计研究院、同济大学等五个单位，组成规范修订组，对《地基基础工程施工及验收规范》GBJ 202—83 进行修订。修订组于 1999 年初就修订原则及各自分工作了讨论并形成了最终意见。1999 年上半年又对各自分工的内容作了交流，对应达到的水平、增添与删掉的内容、计划安排等统一了认识，为开展下一步工作奠定了基础。1999 年末，修订组成员到广东、天津、南京、杭州、北京等地作调研，并邀请有关专家对规范内容提出意见。2000 年上半年又发出了书面征求意见稿，同时召开了不同形式的座谈会、咨询会，对征求意见稿提出了许多好的建议及需作修改的意见。

按照领导小组的总体安排，将土方工程编入本规范中。2000 年末形成了送审稿初稿，在此基础上，又广泛听取意见，将反馈意见归纳整理后，形成了最终的送审稿，2001 年 5 月在上海召开了规范审查会，与会专家一致同意通过审查，同时也提出若干修改意见。经修正后构成了最终的报批稿。

二、新规范的特点

1. 新颖性

所谓“新”,体现在两个方面:一是内容要更新。随着施工技术水平的提高及新技术的开发应用,规范也编入了一些业已成熟的新的地基基础形式,如先张法预应力离心管桩,塑料排水带预压地基,水泥土搅拌桩及加筋水泥土搅拌桩、H型钢桩,预制地下连续墙,土工合成材料地基等。但有些新技术虽已在工程界应用,但无论是理论分析还是施工控制手段均需进一步摸索、总结,以取得较完整的工艺措施及验收手段,如磐石支磐桩、变截面桩(竹节桩)、底部注浆桩等。对这类新技术目前暂不编入规范中。二是观念要新。也即这次规范是强调验收,因此施工工艺的内容相应减少,质量的好坏最终看结果是否满足规范要求,如果都在要求范围之内,即可判为合格。规范也不放入优良的标准,也即不评优。评优工作属行业管理。三是检查手段要新。尽管基础行业历史悠久,有些检查手段仍离不开钢尺、磅称,但本规范也强调了一些较先进的手段,如超声波测径仪用于泥浆护壁灌注桩,灌注桩孔底沉渣用先进的电子测量仪器,承载力测试可用高应变量测技术等。

2. 独立性

本规范涉及的地基与基础,其独立性较强,规范的编制完全按照各类不同形式的地基与基础,从施工前、施工中到施工后应控制的关键工序、关键内容着眼,把好每一项地基或基础的施工质量关,以取得符合施工质量的最终结果。

3. 实用性

规范对各种不同的地基或基础,根据施工过程中影响工程质量的各类因素,按重要程度分为主控项目及一般项目进行控制。如果这些项目在施工过程中能符合质量标准,则该地基或基础工程的质量一般应满足要求。不管是主控项目还是一般项目,都有量化指标,也即尽量用数据说话,而且每项指标均有检查手段,完全从实用出发,利于操作。

4. 相关性

这里提到的相关性是指任何一本规范都不能独立使用,这是社会化大生产所决定的。因此必须与其他规范或标准结合使用。

如“建筑工程施工质量验收统一标准”GB 50300—2001，它是所有规范中起指导性作用的，尤其是工程的划分、施工现场的质量管理、工程质量的验收要求、程序、组织等都作了阐明，在执行本规范时理应与“统一标准”配合使用。此外，一些原材料的检验，如水泥、钢材、粉煤灰等都有现行的国家标准，本规范不可能全部放入。一些土工指标在取样时的操作规定、数值的决定等，在“岩土工程勘测规范”、“建筑地基处理技术规范”、“建筑基桩检测规范”等规范中都作了明确的规定。这些相关规范在本规范条文说明中一一列出，在本规范实施过程，均应与这些相关规范或标准，共同配合使用。

第二节　与原规范 GBJ 202—83 比较

一、内容变化

除了以上提到的规范中增加了新的内容。对各地区常用的地基与基础形式尽量考虑到各地的习惯予以保留，但对一些不常用的或质量不易保证，对环境易产生污染，与绿色工程不尽相符的地基及基础形式，作了删除。如硅化地基、木桩、爆扩桩等。但像硫磺胶接桩虽与环境保护相悖，但考虑到广东等一些地区仍在使用，经多次商议暂时再保留一下。此外，像土方工程、基坑工程都是原规范中没有的，新规范共 8 章 187 条，其中强制性条文 7 条、2 项附录。

二、施工工艺尽量不提，强调结果

原规范工艺性的条款，占了相当的篇幅。本规范强调了各道工序的结果，或施工的最终结果，至于用什么工艺或什么方法去达到，不作硬性规定。如现场预制桩的浇注工艺，从桩尖往桩头浇注还是相反浇注，桩的堆置；预制桩选用什么样的桩锤；灌注桩用正循环还是反循环等，均不作规定，我们强调的是成桩质量。

三、所有的项目要求，都明确了检查手段

这些手段能否代表当前各地惯用的做法，可行性如何，虽然还有不足之处，但至少是已走出了一步，从实用角度来看是必须的，今后尚可在实施过程中不断完善与提高。

四、确定了强制性条文

强制性条文确定的原则：一是涉及结构的使用功能或结构的安全。二是数量不宜过多，应是最关键的内容。

设置强制性条文，是建设部标准司在编制规范过程中提出的要求。针对近几年来工程质量事故较为严重这一实际情况而提出的，目的还是希望工程的质量有所改善，杜绝重大工程隐患或安全事故。

五、体现了“验评分离，强化验收，完善手段，过程控制”十六字方针

第三节　与《建筑工程施工质量验收统一标准》GB 50300—2001 配合使用

本规范第 8 章分部(子分部)的工程质量验收，结合“统一标准”一起作解释。

一、关于基本规定

“统一标准”第 3 章为基本规定。这次就 3.0.1、3.0.2、3.0.3 作些解释。

3.0.1　施工现场质量管理应有相应的施工技术标准，健全的质量管理体系、施工质量检验制度和综合施工质量水平评定考核制度。

施工现场质量可按本标准附录 A 的要求进行检查记录。

3.0.2　建筑工程应按下列规定进行施工质量控制：

1. 建筑工程采用的主要材料、半成品、成品、建筑构配件、器具和设备应进行现场验收。凡涉及安全、功能的有关产品，应按各专业工程质量验收规范规定进行复验，并应经监理工程师(建设单位技术负责人)检查认可。

2. 各工序应按施工技术标准进行质量控制，每道工序完成后，应进行检查。

3. 相关各专业工种之间,应进行交接检验,并形成记录。未经监理工程师(建设单位技术负责人)检查认可,不得进行下道工序施工。

3.0.3 建筑工程施工质量验收应符合下列要求:

1. 建筑工程施工质量应符合本标准和相关专业验收规范的规定。

2. 建筑工程施工应符合工程勘察、设计文件的要求。

3. 参加工程施工质量验收的各方人员应具备规定的资格。

4. 工程质量的验收均应在施工单位自行检查评定的基础上进行。

5. 隐蔽工程在隐蔽前应由施工单位通知有关单位进行验收,并应形成验收文件。

6. 涉及结构安全的试块、试件以及有关材料,应按规定进行见证取样检测。

7. 检验批的质量应按主控项目和一般项目验收。

8. 对涉及结构安全和使用功能的重要分部工程应进行抽样检测。

9. 承担见证取样检测及有关结构安全检测的单位应具有相应的资质。

10. 工程的观感质量应由验收人员通过现场检查,并应共同确认。

3.0.1 中,施工现场质量管理要求按附录 A 进行检查记录(附录 A 附后)

1. 第 3 项,主要专业工种操作上岗证书,结合本规范要检查的有下述证书:各类专业施工机械(打桩机、水泥土搅拌桩机、高压喷射注浆机、灌注桩机等)的操作证书。电焊、起重指挥、土工试验(如试验由施工单位自己承担)、质量检验人员、施工员等上岗证书。

2. 第 4 项,分包方资质与对分包单位的管理制度。要注意的是不留于文件材料,要掌握实际的资料。

3. 第5项,施工图审查情况。要根据已掌握的地质资料、环境条件对设计图作一审查,如要作修改,则应记录在案。

4. 第6项,地质勘察资料。原有资料不完善或有疑点而作的补勘资料需记录在案,对环境资料,如临近需保护的房屋、管线或设施等的结构状况也必须有记录。

5. 第7项,施工组织设计、施工方案及审批。要说明的是针对性,不能泛泛而谈,应结合本工程的具体条件,有针对性的措施。

6. 第8项,施工技术标准。指本企业的施工技术标准、行业标准或地区标准也可以。

7. 第10项,搅拌站及计量装置,如不用商品混凝土,自行拌制混凝土,则需有相关记录。

3.0.2 中半成品应包括工厂生产的预制桩、钢桩、钢筋笼、钢筋接驳器等。

3.0.3 有10款,其中几条作一说明:

1. 第2款,设计文件指设计图纸及相应说明或其他一些特殊的设计要求(一般在本规范之外的内容),如果有的话应在施工中执行,以后在验收时也应按该要求验收。

2. 第4款,强调了施工单位必须在自行检查评定合格后,方能申请工程验收(检验批、分项工程、分部工程都是这样)。

3. 第6款,指混凝土试块,钢筋或钢筋接驳器等抽样试件必须要见证取样。

4. 第8款,桩的承载力是涉及结构安全和使用功能的,在分部工程验收时应抽样检测。

二、建筑工程质量验收的划分

4.0.2 单位工程的划分应按下列原则确定:

1. 具备独立施工条件并能形成独立使用功能的建筑物及构筑物为一个单位工程。

2. 建筑规模较大的单位工程,可将其能形成独立使用功能的部分作为一个子单位工程。

4.0.3 分部工程的划分应按下列原则确定:

1. 分部工程的划分应按专业性质、建筑部位确定。

2. 当分部工程较大或较复杂时，可按材料种类、施工特点、施工程序、专业系统及类别等划分为若干子分部工程。

4.0.4 分项工程应按主要工种、材料、施工工艺、设备类别等进行划分。建筑工程的分部(子分部)、分项工程可按本标准附录B采用。

4.0.5 分项工程可由一个或若干检验批组成，检验批可根据施工及质量控制和专业验收需要按楼层、施工段、变形缝等进行划分。

第4章的4.0.2、4.0.3、4.0.4、4.0.5是就单位工程、分部工程、分项工程及检验批如何划分作了说明。结合附录B(附录B附后)，地基与基础工程如何划分作一解释。假如有一工程为高层加裙房，高层下灌注桩基，有2层地下室，其围护结构为地下连续墙，裙房下为搅拌桩地基，则单位工程即该高层结构(带裙房)，地基与基础即为分部工程。由于内容较多，有桩基、围护结构、地下室结构、地基处理，因此可再划分成子分部工程(见附录B)，而地下连续墙，水泥土搅拌桩、灌注桩及地下室结构中的模板、钢筋、混凝土均可列为分项工程。灌注桩和水泥土搅拌桩可按轴线划分数个检验批，地下连续墙可按延米划分检验批，模板、钢筋、混凝土可按部位划分检验批。

三、建筑工程质量验收

5.0.1 检验批合格质量应符合下列规定：

1. 主控项目和一般项目的质量经抽样检验合格。

2. 具有完整的施工操作依据、质量检验记录。

5.0.2 分项工程质量验收合格应符合下列规定：

1. 分项工程所含的检验批均应符合合格质量的规定。

2. 分项工程所含的检验批的质量验收记录应完整。

5.0.3 分部(子分部)工程质量验收合格应符合下列规定：

1. 分部(子分部)工程所含分项工程的质量均应验收合格。

2. 质量控制资料应完整。

3. 地基与基础，主体结构和设备安装等分部工程有关安全及功能的检验和抽样检测结果应符合有关规定。

地基础工程的质量验收，在本章中到分部（子分部）工程质量验收为止，也即5.0.1、5.0.2、5.0.3。在5.0.1中要有完整的施工操作依据、质量检查记录，应包括附录A中的内容、施工过程中的记录（如打桩记录、混凝土浇注记录、成孔记录等）以及试件、原材料送检的结果记录。5.0.3中第3条“地基基础抽样检测结果应符合有关规定”是指地基或基础的承载力（或设计要求的最终结果），其抽检的数量及数值均应满足要求。关于第2条中的质量控制资料较多可参照“统一标准”的附录G。

四、建筑工程质量验收程序和组织

6.0.1 检验批及分项工程应由监理工程师（建设单位项目技术负责人）组织施工单位项目专业质量（技术）负责人等进行验收。

6.0.2 分部工程应由总监理工程师（建筑单位项目负责人）组织施工单位项目负责人和技术、质量负责人等进行验收；地基与基础、主体结构分部工程的勘察、设计单位工程项目负责人和施工单位技术、质量部门负责人也应参加相关分部工程验收。

6.0.1及6.0.2明确了检验批及分项工程由监理工程师或建设单位项目技术负责人组织验收，而分部工程应由总监理工程师或建设单位项目负责人组织验收，而且分部工程验收时，施工单位的技术、质量部门负责人，勘察、设计单位工程项目负责人也应参加验收。

第二章 《建筑地基基础工程施工质量验收规范》50202—2002 主要条文介绍与掌握要点

1.0.2 本规范不适用铁路、公路、航运、水利、市政等工程。

1.0.3 允许有超出本规范标准的设计要求或本规范中未列入的技术标准，工程验收时应按这些标准验收。

1.0.5 除了条文说明中已列出的规范外，其他国家标准或规范，必须是“现行的”。

3.0.1 借用或参照的地质资料、附近设计情况不宜作为工程施工时的依据，对怀疑的地质资料应作补勘。本规范附录 A 中对各类地基或桩基的勘察要求作了介绍。

3.0.2 除了必备的资质文件外，尚须查看现场的设备、队伍的操作技能，是否能满足施工要求，也即软件与硬件均应检查。

3.0.5 “停止施工”是暂时的措施，以引起各方的重视，避免更大的事故隐患，一旦情况恢复正常，即可继续施工。

4.1.3 各类地基在不同的地区、不同的地质条件下，有不同的间歇期，而间歇期常常是业主与施工或设计方争执之处。设计对地基施工后的间歇期最了解，一般应由设计来确定间歇期，即使要提前也应由设计来定。

4.1.4 经试验段施工后，确定的参数较为可靠，也可确保地基处理后的质量。尤其是当地尚无足够经验的地基处理工程，更应先试验再正式施工，避免大的质量事故。

4.1.7 该条反映的问题是后一句话即 20% 的量太多。主要是根据以往的工程实践，这些桩是构成复合地基的主体，大量的质量弊病均出现在这些桩体本身。因此，对这些桩要求多检查一些是有必要的。其次，虽然检查量是20%，但是检查内容并不花费大量资金或精力。如高压喷射注浆地基检验(表4.10.4)，主控项目中第3、4项属4.1.6条，数量已有规定，剩下的20%检查，只要跟踪施工，应是不花费太大的精力的。

4.10.4 重点在水泥用量、压力、提升速度，第3、4项不一定两者均检查，根据设计而定。

4.11.5 重点也是水泥浆或水泥注入量，机头提升速度，第3、4项同上。

5.1.2 该条主要针对桩基施工后，因挖土等工序不当造成开挖后桩顶位移不易分清原因而设置的。

5.1.6 对桩身质量的检验，一般均用小应变，数量不同在于设计的等级。一般由设计来确定。在具体定哪根桩做桩身质量检验，可任意抽，也可跟踪施工过程中发现有疑点的桩作为首选对象。在桩身质量检验的基础上，可按要求作承载力检验。

5.1.8 除5.1.5、5.1.6外的主控项目，仅桩位及灌注桩的桩孔，因此，全部检查应是无困难的。一般项目，抽查20%是指桩数量的20%，混凝土灌注桩问题较多，应全部检查，只要跟踪施工亦无困难。

5.2.3及5.2.5压桩所用的压力可作为承载力判断的依据之一，尤其是桩压不到标高时，有一定参考价值，因此，对压桩施工必须有可靠的压力数据获取装置。表5.2.5中对接桩后的停歇时间应予以重视，停歇时间不足，接头强度未充分发挥，不能承受大的压力。

5.3.2及5.3.4对预应力管桩，因其高强度而构成的耐冲击性，众所周知，如焊接质量不好或没有足够的电焊间歇时间即进行锤击，很容易造成焊缝开裂。因此，电焊质量及接桩后所停歇时间是必须要检查的。表5.3.4中成品桩的密实性必须要检查，有蜂窝及孔隙极易造成桩身击碎。

5.4.2及表5.4.5预制桩的接桩要求与5.3.2同样理由，尤其是接桩端面的平整应是保证接桩质量的基本条件。

5.4.4 龄期与强度双控要求应是针对长桩或锤击次数多的桩,因容易产生抗应力,短桩或锤击次数少的桩,不易产生拉应力,就不一定双控。

5.5.2 钢桩的焊接要求的理由同锤击桩。

5.6.2 及表 5.6.4 灌注桩的质量控制应严格一些,在于它的成桩工艺较其他桩复杂,工序也较多。除了 5.1.4 条强制性条文规定的内容外,尚应控制下述几项:桩径的测试,如用机械式测径仪,建议先与超声检测结果对比一下,标定一下所用的仪器,其精确度或操作性,用混凝土方量来反算直径不可取;泥浆相对密度应在孔底附近取较反映真实情况。

7.1.4、7.1.5、7.1.6 从本条开始是基坑施工,由于大部分基坑是临时结构,与工程的验收关系不大,但安全是一个主要问题,这也是本章确定标准时的主要出发点。7.1.4 是基坑开挖时的土方堆置及挖方施工时的相互干扰影响,7.1.5 是开挖时的环境监护,7.1.6 是开挖到标高后的垫层处理,目的在于确保基坑的稳定。

第三章　地基基础部分强制性条文介绍

列入房屋建筑施工强制性条文地基基础部分共7条，现分条介绍。

4.1.5　对灰土地基、砂和砂石地基、土工合成材料地基、粉煤灰地基、强夯地基、注浆地基、预压地基，其竣工后的结果（地基强度或承载力）必须达到设计要求的标准。检验数量，每单位工程不应少于3点，1000m^2以上工程，每100m^2应至少有1点，3000m^2以上工程，每300m^2至少有1点。每一独立基础下至少应有1点，基槽每20延米应有1点。

4.1.6　对水泥土搅拌桩复合地基、高压喷射注浆桩复合地基、砂桩地基、振冲桩复合地基、土和灰土挤密桩复合地基、水泥粉煤灰碎石桩复合地基及夯实水泥土桩复合地基，其承载力检验，数量为总数的0.5%～1%，但不应少于3处。有单桩强度检验要求时，数量为总的0.5%～1%，但不应少于3根。

【释义】

1. 第4.1.5条是指人工地基中的均质地基。这类地基种类很多，规范所列出的地基种类，是目前国内常用的。其他种类的地基可参照规范中类似的内容。处理后的地基质量好坏，最终都由其强度或承载力来体现，这两个指标能满足要求，被处理的地基便能发挥应有的功能。为此，将该要求列为强制性条文。由于各地、各设计单位的习惯、经验等，对地基处理后，要求的指标及该指标应达到的标准均不一样，有的用标贯、静力触探、十字板剪切强度，有的就用承载力或固结度、变形要求等。对此，本条用何指标，不予规定，可按设计要求而定。

地基处理工程规模有大小，条文内规定的数量是基本要求，不得少于此数。设计如有更高的要求，仍应按设计规定执行。“单位工程”的含意，在《建筑工程施工质量验收统一标准》GB 50300—2001 已有明确规定。

2. 第 4.1.6 条是指复合地基。这类地基的种类也很多，规范中放入的复合地基，相对而言应用较普遍，其他种类的复合地基可参照相关类型的地基。作为复合地基施工后的最终评价应是复合地基承载力，可采用单桩复合地基载荷试验或多桩复合地基载荷试验检验承载力，单桩复合地基承载力的检验数量为桩总量的 0.5%～1%，且不应少于 3 处，如同时采用多桩复合地基承载力检验，其数量计入上述总数量中。有时对复合地基中的桩体，设计要求做强度检验，此时抽检的数量为桩总数的 0.5%～1%，且不应少于 3 根。

【措施】

1. 施工单位应具备相应的资质、完整的质量保证体系和质量检验制度

地基处理工程的施工是特殊性专业施工，专业性强，施工单位应具备相应的资质。要求参加施工的单位，具有相应专业的施工业绩、专业设备及具备专业管理水平的技术人员。只有这样，才能按专业要求施工，施工过程中有完整的质量保证体系及质量检验制度，从而使工程质量符合验收要求。

2. 地基处理施工要有针对性强、切实可行的施工组织设计

针对性强是指抓住工程的关键工序，重点突出，围绕质量目标有较严密的措施予以保证。这与面面俱到，但什么也抓不住的施工组织设计不一样。后者看来很全面，起不到指导施工、保证工程验收质量的目的。

切实可行是结合工程实际，一本施工组织设计不是放到哪里都能用的，各工程均有其自身的特殊条件与要求。施工组织设计就是要根据这些条件与要求，结合自身的认识与条件，制订出一套严密的施工质量保证措施，这才是切实可行的。

3. 监理要有监理规划及监理细则，监理人员应具备一定的专业资质

监理规划类似施工组织设计，是对整个工程的监理工作起指导作用的。为发挥规划的作用，替工程把好关，规划同施工组织设计一样，应有针对性，抓住关键部位，认真把关。

地基工程施工质量监理人员，必须具有专业知识且应从事相关专业工作相当的时间和持有监理工程师证的人员。一个毫无专业资质的监理人员，是不可能在施工中发现问题，也无法去监督施工操作的正确与否。

4. 加强施工过程的监控

一项工程的最终施工成果，是工程各施工阶段质量好坏的反映，如果施工过程中的各环节没有严格把关，其最终成果也不会达到验收要求，应做到施工全过程的监控，工程质量才能得到保证。

规范中已列出各类地基在施工过程中检查的项目，这些项目虽是一般项目，但应认真抽检，按规定的数量及相应的标准，随时发现问题予以整改。这些项目不严格检查，听任施工人员随便应付，必埋下工程的隐患，最终达不到验收要求。

【检查】

1. 对第4.1.5条的检查。因人工地基中均质地基的种类较多，施工工艺、设备都不一样，加之各地区惯用的检查手段与要求也不尽相同。条文不强调一定要用地基强度还是地基承载力，应根据设计要求的内容与标准进行检验。检验数量应按条文规定的要求执行。如用十字板剪切强度、标准贯入试验、静力触探、动力触探或载荷试验等方法检验时，其操作要求应符合《建筑地基处理技术规范》、《岩土工程勘测规范》等相关的技术规范。也即取样或数据的获取，数值的统计分析，最终检测数值的确定都应按这些规范或规程要求进行。承压板的尺寸如设计有特殊要求应按设计规定执行。检验数量已有规定，但具体操作时应尽量分布均匀，以具有广泛的代表性。实际在确定某一位置时，应根据施工过程中的

情况，有下述情况之一的应重点检验：

① 对施工质量有怀疑的地点；

② 原材料有变化的场所；

③ 气象条件较差时进行施工的地段；

④ 下有暗浜、沟渠或地质条件较差的区域；

⑤ 其他有必要检验的地方。

所有检验应在设计规定的间歇期后进行。

2. 对第 4.1.6 条的检查。是采用单桩复合地基载荷试验还是多桩复合地基载荷试验检验承载力，应根据设计要求而定。条文中规定的数量包括了单桩和多桩复合地基承载力的检验数量。如一个单位工程既做了单桩复合地基承载力检验又做了多桩复合地基承载力检验，则两者总数应满足规定要求。承压板的尺寸按设计要求确定。承载力检验的方法及承载力的确定应按《建筑地基处理技术规范》规定执行。

选择检验的位置应有代表性，第 4.1.5 条中指明的重点检验部位，本条也适用。所有检验应在设计规定的间歇期后进行。

【判定】

对第 4.1.5 条及第 4.1.6 条，施工单位执行与否以及执行程度如何的判定，主要看条文规定的检验数量及标准是否每个都能满足规范和设计的要求。如果都满足了，又无其他异常情况，应判定为工程满足验收要求。如果检验中有不满足设计要求的，应根据实际达到数值，经设计单位核算，如可满足结构安全和使用功能，可予以验收。如经核算不能满足，则应返工，并重新进行检验，如检验结果满足设计要求，可予以验收。如进行补充加固处理也能满足设计要求，则可按技术处理方案和协商文件进行验收。经返工或补充加固处理仍不能满足要求的，不应验收。

5.1.3 打(压)入桩(预制混凝土方桩、先张法预应力管桩、钢桩)的桩位偏差，必须符合表 5.1.3 的规定。斜桩倾斜度的偏差不得大于倾斜角正切值的 15%(倾斜角系桩的纵向中心线与铅垂线间夹角)。

预制桩(钢桩)桩位的允许偏差(mm)　　　　**表 5.1.3**

项	项　目	允许偏差(mm)
1	盖有基础梁的桩: (1) 垂直基础梁的中心线 (2) 沿基础梁的中心线	$100+0.01H$ $150+0.01H$
2	桩数为 1～3 根桩基中的桩	100
3	桩数为 4～16 根桩基中的桩	1/2 桩径或边长
4	桩数大于 16 根桩基中的桩: (1) 最外边的桩 (2) 中间桩	1/3 桩径或边长 1/2 桩径或边长

注: H 为施工现场地面标高与桩顶设计标高的距离。

5.1.4 灌注桩的桩位偏差必须符合表 5.1.4 的规定,桩顶标高至少要比设计标高高出 0.5m,桩底清孔质量按不同的成桩工艺有不同的要求,应按本章的各节要求执行。每浇注 $50m^3$ 必须有 1 组试件,小于 $50m^3$ 的桩,每根桩必须有 1 组试件。

灌注桩的平面位置和垂直度的允许偏差　　　　**表 5.1.4**

序号	成孔方法		桩径允许偏差(mm)	垂直度允许偏差(%)	桩位允许偏差(mm)	
					1～3 根、单排桩基垂直于中心线方向和群桩基础的边桩	条形桩基沿中心线方向和群桩基础的中间桩
1	泥浆护壁钻孔桩	$D\leqslant 1000$mm	±50	<1	$D/6$,且不大于 100	$D/4$,且不大于 150
		$D>1000$mm	±50		$100+0.01H$	$150+0.01H$
2	套管成孔灌注桩	$D\leqslant 500$mm	−20	<1	70	150
		$D>500$mm			100	150
3	千成孔灌注桩		−20	<1	70	150
4	人工挖孔桩	混凝土护壁	+50	<0.5	50	150
		钢套管护壁	+50	<1	100	200

注: 1. 桩径允许偏差的负值是指个别断面。

2. 采用复打、反插法施工的桩,其桩径允许偏差不受上表限制。

3. H 为施工现场地面标高与桩顶设计标高的距离,D 为设计桩径。

5.1.5 工程桩应进行承载力检验。对于地基基础设计等级为甲级或地质条件复杂,成桩质量可靠性低的灌注桩,应采用静载荷试验的方法进行检验,检验桩数不应少于总桩数的1%,且不应少于3根,当总桩数少于50根时,应不少于2根。

【释义】

1. 第5.1.3条是针对预制打(压)入桩的成桩质量的。桩位偏差控制是桩基工程质量控制的最基本内容之一。实际施工时,因成桩顺序不当,测量控制桩走位,轴线放样错误或成桩工艺、设备不完善,造成成桩的最终桩位偏差过大的事例不少,由此导致承台面积扩大,桩群形心与荷载重心错位,或增加桩量,原桩报废。为此,作为强制性要求,必须确保桩位的偏差,控制在允许偏差范围之内。条文中对桩数较多的群桩中的边桩与中心桩提出了不同的要求。与原规范比,对桩数多的群桩,适当提高了标准。

2. 第5.1.4条是针对混凝土灌注桩的。成桩偏位控制的要求理由同1。鉴于混凝土灌注桩质量是工程界普遍关注的问题,因为比预制打(压)入桩更容易产生质量事故。条文对灌注桩的工艺控制及混凝土试件的要求都作了具体规定。对灌注桩工艺质量的要求较多,但因设备、工艺、检测手段等,不同的施工单位均有差异,很难统一。条文就清孔的质量作了规定,是基于泥浆护壁灌注桩,常出现孔底沉渣过厚,清孔质量不佳的通病,而且清孔质量对成桩质量影响很大,往往造成桩基沉降过大,桩身混凝土质量降低,承载力不足等。

灌注桩的试件强度,是检验桩体材料质量的主要手段之一,必须具备供检验的试件。各地区情况不一样,如设计或合同技术条款有其他要求,则应满足这种要求。小于50m^3的桩每根桩要做一组试件,是指单柱单桩的每个承台下的桩需确保有一组试件。

3. 第5.1.5条对工程桩进行单桩承载力检验,是桩基工程质量验收的重要内容之一。《建筑地基基础设计规范》、《建筑基桩检测技术规范》都作了规定。但是究竟采用单桩静载检验,还是采用高应变动测检验以及检验的数量等，因建筑物的设计等级、地质条件的复杂程度和桩型的不同而异，具体由设计单位根据有关规范和工程的具体条件在设计文件中作出规定。

【措施】

1. 4.1.5 措施中的1、2、3、4 均适用本条。

2. 对灌注桩施工，必须强调质量监理人员的跟踪监督，尤其在进行清孔、灌注混凝土时，更要检查其作业情况，随时纠正，才能保证灌注桩的质量。

【检查】

1. 第5.1.3条的桩位偏差，是桩基中各基桩的最终偏位状况的检查，应在基坑或承台开挖后进行。在其他条文中曾提及中间验收，如果两者结果差别很大，特别是中间验收时的偏位均满足规范要求，而开挖后不满足规范要求，就应分析原因，是否因开挖方式或打桩顺序不当所致。对较长的送桩(或称替打桩)要涉及1%垂直度的影响，这部分偏位是允许的。但不管如何，桩位偏差应以开挖后的结果为依据，并应对每根桩进行检查。

2. 混凝土灌注桩的桩位偏差检查与预制订(压)桩相同，但因泥浆护壁灌注桩都是将灌注高度超出设计桩顶高度50cm以上，这部分不良混凝土应予凿除后再检查。对清孔质量，摩擦桩及端承桩有不同要求，应由专人采用专用仪器或工具进行检查。不排斥用传统工具(如重锤)，但鼓励应用先进、可靠的电子仪器进行检测。每根桩均应作清孔检查并作好记录。灌注桩的混凝土试件应作见证检查，并置于与实体桩相同的条件下养生。灌注桩的直径应在混凝土浇注前用测径仪检测，灌注方量仅作参考，不能作为桩径估算依据。

3. 对于工程桩的承载力检验、数量及检验方式未作强制规定。对于甲级或地质条件复杂，成桩质量可靠性低的桩，按设计或检测规范，应采用静载试验方法进行检验，数量可按总桩数的1%，且不少于3根。总桩数少于50根时，不少于2根。由于各地区的经验、地质条件不一，对土质均匀，总桩数又很多时，数量可由设计酌情确定。

当采用工程桩作为试验桩时,试验结果可作为工程桩承载力检验结果。

对工程桩承载力检验,应在桩身完整性检验的基础上进行,尤其对施工中发现异常情况的桩,如打入桩贯入度过大,灌注桩发生二次开灌,个别断面积小于 80%等,这些桩应先作低应变动测检验,如仍不能作出评价结论,再进行承载力检验,如静载检验无条件进行,可改做高应变动测。

【判定】

1. 本节三条强制性条文,经过检查如都能满足要求,又无其他异常情况,应予以验收。

2. 桩位偏移过大,应由设计单位核算,如能满足结构的使用功能及安全要求可予以验收。

3. 清孔不能满足要求,应禁止下道工序进行,到真正满足为止,方可浇注混凝土。

4. 灌注桩试件强度不能满足要求时,应由设计单位作校核,如得到设计单位的认可,则予以验收。如试件数量不足,应用桩身钻孔取样弥补。

5. 承载力抽查不合要求,应由设计、监理、施工等多方协商,用可行的方法扩大检查数量,根据结果分析后再作判定结论,或由设计根据实测结果作核算,如能满足结构使用功能与安全要求,可予以验收。前述措施都不能满足要求,则应采取补桩或其他措施,经设计复核,如能满足结构使用功能与安全要求,可按技术处理方案和协商文件验收。如采取上述措施后,仍不能满足要求,则不予验收。

7.1.3 土方开挖的顺序、方法必须与设计工况相一致,并遵循“开槽支撑,先撑后挖,分层开挖,严禁超挖”的原则。

7.1.7 基坑(槽)、管沟土方工程验收必须确保支护结构安全和周围环境安全为前提。当设计有指标时,以设计要求为依据,如无设计指标时应按表 7.1.7 的规定执行。

基坑变形的监控值(cm) 表 7.1.7

基坑类别	围护结构墙顶位移	围护结构墙体最大位移	地面最大沉降
	监 控 值	监 控 值	监 控 值
一级基坑	3	5	3
二级基坑	6	8	6
三级基坑	8	10	10

注:1. 符合下列情况之一,为一级基坑:

① 重要工程或支护结构做主体结构的一部分;

② 开挖深度大于 10m;

③ 与临近建筑物,重要设施的距离在开挖深度以内的基坑;

④ 基坑范围内有历史文物、近代优秀建筑、重要管线等需严加保护的基坑。

2. 三级基坑为开挖深度小于 7m,且周围环境无特别要求时的基坑。

3. 除一级和三级外的基坑属二级基坑。

4. 当周围已有的设施有特殊要求时,尚应符合这些要求。

【释义】

1. 基坑工程属临时性工程,是为主体结构工程服务的。设置强制性条文是针对近年来基坑工程的坍塌事故屡有发生,而且常常是多人伤亡的重大安全事故,并危及周围设施,为杜绝类似事故的发生,规定了基坑土方开挖的原则。

2. 如何确保基坑支护结构安全,同时又使周围环境得到保护,这与支护结构的安全度、周围设施的可靠度紧密相关。只有设计人员对结构的设计标准、安全程度最有底,而且设计支护结构时,无疑对周围环境条件会作调查研究,因此执行设计指定的支护结构变形标准是应该的。但有时设计也无规定,则以表 7.1.7 规定的标准控制。该表对有支撑系统(一道或多道)的基坑较适用。

【措施】

1. 基坑的支护结构施工必须保证质量,因支护结构绝大部分为本规范第 5 章及第 7 章所提及的结构,因此对第 5 章、第 7 章各节内容,应在施工中严格控制质量要求。

2. 建立有效、及时的施工监测体系,包括采用先进的仪器,强化监测人员的责任等。

【检查】

条文的检查监督主要依靠质量监理人员的跟踪施工,检查基坑土方是否严格按设计工况施工,“开槽支撑,先撑后挖,分层开挖,严禁超挖”的原则是否得以贯彻。

对需控制的指标,施工前设置好观测点,随时检查这些观测点的数据,必要时需设置预警值,一旦达到此数值即报警,并采取应急措施予以控制。

【判定】

判定合格与否,按基坑变形是否满足要求以及周围环境能否得到保护为度。由于周围环境的保护与基坑支护的结构的变形无固定关系,有可能基坑变形较大,但不影响主体结构施工,而周围环境变形仍在控制范围内,也应对基坑开挖予以验收。

如基坑的支护结构是主体结构的一部分,则支护结构的变形,应以是否影响主体结构的功能为度,如没有影响则也应予以验收。

第四章 关于验收表格的使用说明

第一节 一般说明

建筑地基基础工程质量验收规范包括:地基、桩基、土方及基础工程四项内容,相互间均有独立性,即使地基部分也有14种不同类型的地基。尽管如此,其质量验收表仍可以统一格式反映,为了能便于填写,现结合一虚拟工程就如何填写检验批、分项工程、分部工程(小分部)工程质量验收表作一说明(样表附后)。

第二节 工程举例

某15层高楼,为混凝土框架结构,基础为桩基,共有200根混凝土灌注桩,2层地下室,地下室围护结构为地下连续墙,共有40幅地下连墙。高层的裙房为4层砖混结构。基础为水泥土搅拌桩复合地基,共有300根水泥土搅拌桩。

、根据《建筑工程施工质量验收统一标准》附录B,本工程分部工程为地基与基础,共三项子分部工程,即地基处理工程,桩基工程及有支护的土方工程,共有三项分项工程,即混凝土灌注桩,水泥搅拌桩及地下连续墙

二、检验批质量验收记录表

1.混凝土灌注桩分项工程

(1)混凝土灌注桩,除已明确规定的项目外,其他项目应100%检验对比可参见样表010405 02 20,其中“01”为“统一标准”附录B中第1项分部工程,“04”为第4项子分部工程,“05”为该子分部工程中的第5项分项工程，□□后边的两个框为检验批的顺序号，同时，有时一个分项工程中有两种或更多验收项目，则在表名下以罗马数字(Ⅰ)、(Ⅱ)……来表示。

桩体质量检验，混凝土强度，承载力等，不是100%抽查，有可能在本检验批中有未被抽查的对象，则该项可以不填。如本检验中有被抽的对象则应填上结果。

(2) 如果合格，在施工单位检查评定记录中打"☑"，监理或建设单位验收记录栏内填"合格"，施工单位检查评定结果评定及监理(建设)单位验收结论部分填"合格"。

(3) 检验不合格，不要填不合格，马上整改，直至合格为止。

(4) 施工执行标准名称及编号，为施工单位的企业标准编号或地区行业标准名称及编号。

2. 水泥土搅拌桩分项工程

(1) 01031101　15的含义类同混凝土灌注桩，本工程共300根水泥土搅拌桩，按规定抽检20%共60根，因此分4个检验批，共60根。

(2) 桩体强度及地基承载力根据设计的要求，不是每根都做，如本检验批中没有抽到，则不必填此栏。

(3) 其他参照混凝土灌注桩填表说明。

3. 地下连续墙分项工程

(1) 按规定抽查20%，共40幅，这里共抽查8幅，一个检验批2~3幅，共3个检验批，0102041003的意义同前。

(2) 其他注意事项同前。

三、分项工程质量验收记录表

本工程共3个分项工程，现就灌注桩分项工程作一说明，另二个可参照。(参见混凝土灌注桩分项工程质量验收记录)

1. 灌注桩共200根，现每20根为一批，则共分10批，因此检验批数为10批。

2. 本工程A轴—C轴共80根桩，分为4批，D轴—F轴也如此，G轴—H轴40根桩为2批。表中检验批部位，区段栏按此划分填写。

3．施工单位检查评结果打“☑”，监理填“合格”。

四、分部(子分部)工程质量验收记录表

1．本工程三个子分部工程各自仅有一个分项工程，因而子分部与分部工程不再分开，就用分部工程，其下直接填分项工程。

2．共有三项分项工程，分别填上名称及各自的检验批数。

3．质量控制资料指各分项工程的验收记录及根据技术文件需要提供的资料均完整无误。(可参见 GB 50300—2001 附录 G，表 G0.1-2 中建筑与结构栏)

4．安全和功能检验(检测)报告，指桩或地基的承载力、强度等检测报告。

5．观感质量验收，指外露部分的观感质量。

第三节 使用表格

1．《建筑地基基础工程施工质量验收规范》检验批质量验收记录表(共 32 张)。

2．混凝土灌注桩分项工程质量验收记录表。

3．地基基础分部工程质量验收记录表。

土方开挖工程检验批质量验收记录表

GB 50202—2002

010101□□□

单位(子单位)工程名称			
分部(子分部)工程名称		验收部位	
施工单位		项目经理	
分包单位		分包项目经理	
施工执行标准名称及编号			

施工质量验收规范的规定									施工单位检查评定记录	监理(建设)单位验收记录
项目			允许偏差或允许值(mm)							
			柱基基坑基槽	挖方场地平整		管沟	地(路)面基层			
				人工	机械					
主控项目	1	标高	-50	±30	±50	-50	-50			
	2	长度、宽度(由设计中心线向两边量)	+200 -50	+300 -100	+500 -150	+100 0				
	3	边坡	设计要求							
一般项目	1	表面平整度	20	20	50	20	20			
	2	基底土性	设计要求							

施工单位检查评定结果	专业工长(施工员)		施工班组长	
	项目专业质量检查员： 年 月 日			
监理(建设)单位验收结论	专业监理工程师： (建设单位项目专业技术负责人)： 年 月 日			

说　明

010101

土方开挖是一个综合性项目，使用哪一项时，在那一项打“√”注明，或在表名土方开挖前加上××土方开挖，更清楚。

主控项目：

1．标高。是指挖后的基底标高，用水准仪测量。检查测量记录。

2. 长度、宽度。是指基底的宽度、长度。用经纬仪、拉线尺量检查等,检查测量记录。

3. 边坡。符合设计要求。按 6.2.3 条观察检查或用坡度尺检查。只能坡不能陡。

一般项目:

1. 表面平整度。主要是指基底,用2m 靠尺和楔开塞尺检查。

2. 基底土性。符合设计要求。观察检查或土样分析,通常请勘察、设计单位来验槽,形成验槽记录。

土方开挖前检查定位放线、排水和降低地下水位系统,合理安排土方运输车的行走路线及弃土场。

施工过程中检查平面位置、水平标高、边坡坡度、压实度、排水、降低地下水位系统,并随时观测周围的环境变化。

施工完成后,进行验槽。形成施工记录及检验报告,检查施工记录及验槽报告。

土方回填工程检验批质量验收记录表

GB 50202—2002

010102□□□

<table>
<tr><td colspan="3">单位(子单位)工程名称</td><td colspan="7"></td></tr>
<tr><td colspan="3">分部(子分部)工程名称</td><td colspan="3"></td><td colspan="2">验收部位</td><td colspan="2"></td></tr>
<tr><td colspan="2">施工单位</td><td colspan="4"></td><td colspan="2">项目经理</td><td colspan="2"></td></tr>
<tr><td colspan="2">分包单位</td><td colspan="4"></td><td colspan="2">分包项目经理</td><td colspan="2"></td></tr>
<tr><td colspan="3">施工执行标准名称及编号</td><td colspan="7"></td></tr>
<tr><td colspan="8">施工质量验收规范的规定</td><td rowspan="4">施工单位检查评定记录</td><td rowspan="4">监理(建设)单位验收记录</td></tr>
<tr><td colspan="3" rowspan="3">检查项目</td><td colspan="5">允许偏差或允许值(mm)</td></tr>
<tr><td rowspan="2">柱基基坑基槽</td><td colspan="2">挖方场地平整</td><td rowspan="2">管沟</td><td rowspan="2">地(路)面基层</td></tr>
<tr><td>人工</td><td>机械</td></tr>
<tr><td rowspan="2">主控项目</td><td>1</td><td>标　　高</td><td>−50</td><td>±30</td><td>±50</td><td>−50</td><td>−50</td><td></td><td></td></tr>
<tr><td>2</td><td>分层压实系数</td><td colspan="5">设计要求</td><td></td><td></td></tr>
<tr><td rowspan="3">一般项目</td><td>1</td><td>回填土料</td><td colspan="5">设计要求</td><td></td><td></td></tr>
<tr><td>2</td><td>分层厚度及含水量</td><td colspan="5">设计要求</td><td></td><td></td></tr>
<tr><td>3</td><td>表面平整度</td><td>20</td><td>20</td><td>30</td><td>20</td><td>20</td><td></td><td></td></tr>
<tr><td colspan="4" rowspan="2">施工单位检查评定结果</td><td colspan="2">专业工长(施工员)</td><td colspan="2"></td><td>施工班组长</td><td></td></tr>
<tr><td colspan="6">项目专业质量检查员：　　　　年　　月　　日</td></tr>
<tr><td colspan="4">监理(建设)单位验收结论</td><td colspan="6">专业监理工程师：
(建设单位项目专业技术负责人)：
年　　月　　日</td></tr>
</table>

说　　明

010102

土方回填是一个综合性项目，使用哪一项时，在那一项打"√"注明，或在表名土方回填前加上××土方回填，更清楚。

主控项目：

1．标高。是指回填后的表面标高，用水准仪测量。检查测量记录。

2．分层压实系数。符合设计要求。按规定方法取样，试验测量，不满足要求时随时进行返工处理，直到达到要求。检查测试记录。

一般项目：

1．回填土料。符合设计要求。取样检查或直观鉴别。做出记录，检查试验报告。

2．分层厚度及含水量。符合设计要求。用水准仪检查分层厚度。取样检测含水量。检查施工记录和试验报告。

3．表面平整度。用水准仪或靠尺检查。控制在允许偏差范围内。

土方回填前清除基底的垃圾、树根等杂物，去除积水、淤泥，验收基底标高。如在松土上填方，在基底压实后再进行。填方土料按设计要求验收。

填方施工中检查排水措施，每层填筑厚度、含水量控制、压实程度。填筑厚度及压实遍数应根据土质，压实系数及所用机具确定。如无试验依据，可按表 6.3.3 选用。检查施工记录和试验报告。

排桩墙支护工程检验批质量验收记录表

(重复使用钢板桩)GB 50202—2002

(Ⅰ)　　　　　　　　010201□□□

单位(子单位)工程名称					
分部(子分部)工程名称				验收部位	
施工单位				项目经理	
分包单位				分包项目经理	
施工执行标准名称及编号					
施工质量验收规范的规定				施工单位检查评定记录	监理(建设)单位验收记录
一般项目	1	桩垂直度	<1%		
	2	桩身弯曲度	<2%		
	3	齿槽平直度及光滑度	无电焊渣或毛刺		
	4	桩长度	不小于设计长度		
施工单位检查评定结果	专业工长(施工员)			施工班组长	
	项目专业质量检查员：　　年　　月　　日				
监理(建设)单位验收结论	专业监理工程师： (建设单位项目专业技术负责人)： 年　　月　　日				

说　　明

010201

排桩墙支护包括灌注桩、预制桩、板桩等构成支护结构。

灌注桩、预制桩按其标准验收。钢板桩为工厂生产。新桩按出厂标准检验。重复使用的钢板，每次使用前应按规定进行验收。

只有一般项目,不符合要求的修理或挑出去。

一般项目:

1. 桩垂直度。<1%L。尺量检查。

2. 桩身弯曲度。<2%L。拉线尺量检查。

3. 齿槽平直度及光滑度。无电焊渣和毛刺。用 1N 长的桩段做通过试验。

4. 桩长度。不小于设计长度。尺量检查。检查后形成验收记录。

排桩墙支护工程检验批质量验收记录表

（混凝土板桩）GB 50202—2002

（Ⅱ） 010201□□□

单位（子单位）工程名称			
分部（子分部）工程名称		验收部位	
施工单位		项目经理	
分包单位		分包项目经理	
施工执行标准名称及编号			

		施工质量验收规范的规定		施工单位检查评定记录	监理（建设）单位验收记录
主控项目	1	桩长度	+10mm 0mm		
	2	桩身弯曲度	$<0.1\% L$mm		
一般项目	1	保护层厚度	±5mm		
	2	模截面相对两面之差	5mm		
	3	桩尖对桩轴线的位移	10mm		
	4	桩厚度	+10mm 0mm		
	5	凹凸槽尺寸	±3mm		

	专业工长（施工员）		施工班组长	
施工单位检查评定结果	项目专业质量检查员：　　年　月　日			
监理（建设）单位验收结论	专业监理工程师： （建设单位项目专业技术负责人）： 年　月　日			

说　明

010201

主控项目：

1. 桩长度。+10mm，-0mm。尺量检查。

2. 桩身弯曲度。<0.1%L。拉线和尺量检查。

一般项目：

1. 保护层厚度。±5mm。尺量检查。

2. 模截面相对两面之差。5mm。尺量检查。

3. 桩尖对桩轴线位移。10mm。尺量检查。

4. 桩厚度。+10mm，-0mm。尺量检查。

5. 凹凸槽尺寸。±3mm。尺量检查。

排桩墙支护的基坑，开挖后应及时支护，每一道支抗施工应确保基础变形在控制范围内。

降水与排水工程检验批质量验收记录表

GB 50202—2002

010202□□□

单位(子单位)工程名称					
分部(子分部)工程名称				验收部位	
施工单位				项目经理	
分包单位				分包项目经理	
施工执行标准名称及编号					
施工质量验收规范的规定				施工单位检查评定记录	监理(建设)单位验收记录
一般项目	1	排水沟坡度	1‰~2‰		
	2	井管(点)垂直度	1%		
	3	井管(点)间距(与设计相比)	≤150%		
	4	井管(点)插入深度(与设计相比)	≤200mm		
	5	过滤砂砾料填灌(与计算值相比)	≤5mm		
	6	井点真空度：轻弄井点 喷射井点	>60kPa >93kPa		
	7	电渗井点阴阳距离： 轻型井点 喷射井点	80~100mm 120~150mm		
施工单位检查评定结果	专业工长(施工员)			施工班组长	
	项目专业质量检查员： 年 月 日				
监理(建设)单位验收结论	专业监理工程师： (建设单位项目专业技术负责人)： 年 月 日				

说　明

010202

本项目没有主控项目，只有一般项目。

一般项目：

1. 排水沟坡度1‰～2‰。观察检查。达到坑内无积水，沟内排水畅通。

2. 井管(点)垂直度1%。插管时观察检查。

3. 井管(点)间距≤150mm，与设计相比。尺量检查。

4. 井管(点)插入深度≤200mm。与设计相比。用水准仪检查。

5. 过滤砂砾料填灌≤5mm。与计算值相比，检查回填料用量。

6. 井点真空度：轻型井点＞60kPa。检查真空度表。
喷射井点＞93kPa。检查真空度表。

7. 电渗井点阴阳极距离：轻型井点80～100mm。尺量检查。
喷射井点120～150mm。尺量检查。

检查后形成施工记录，检查施工记录。

地下连续墙工程检验批质量验收记录表

GB 50202—2002

（Ⅱ）　　　　010203□□□

<table>
<tr><td colspan="4">单位(子单位)工程名称</td><td colspan="3"></td></tr>
<tr><td colspan="4">分部(子分部)工程名称</td><td></td><td>验收部位</td><td></td></tr>
<tr><td colspan="2">施工单位</td><td colspan="3"></td><td>项目经理</td><td></td></tr>
<tr><td colspan="2">分包单位</td><td colspan="3"></td><td>分包项目经理</td><td></td></tr>
<tr><td colspan="4">施工执行标准名称及编号</td><td colspan="3"></td></tr>
<tr><td colspan="5">施工质量验收规范的规定</td><td>施工单位检查评定记录</td><td>监理(建设)单位验收记录</td></tr>
<tr><td rowspan="2">主控项目</td><td>1</td><td colspan="2">墙体强度</td><td>设计要求</td><td></td><td rowspan="9"></td></tr>
<tr><td>2</td><td colspan="2">垂直度：永久结构
临时结构</td><td>1/300
1/150</td><td></td></tr>
<tr><td rowspan="7">一般项目</td><td>1</td><td>导墙尺寸</td><td>宽度
墙面平整度
导墙平面位置</td><td>W + 40mm
<5mm
±10mm</td><td></td></tr>
<tr><td>2</td><td colspan="2">沉渣厚度：永久结构
临时结构</td><td>≤100mm
≤200mm</td><td></td></tr>
<tr><td>3</td><td colspan="2">槽深</td><td>+100mm</td><td></td></tr>
<tr><td>4</td><td colspan="2">混凝土坍落度</td><td>180～220mm</td><td></td></tr>
<tr><td>5</td><td colspan="2">钢筋笼尺寸</td><td>见验收表(Ⅰ)</td><td></td></tr>
<tr><td>6</td><td>地下墙表面平整度</td><td>永久结构
临时结构
插入式结构</td><td><100mm
<150mm
<20mm</td><td></td></tr>
<tr><td>7</td><td>永久结构时的预埋件位置</td><td>水平向垂直向</td><td>≤10mm
≤20mm</td><td></td></tr>
<tr><td colspan="4" rowspan="2">施工单位检查评定结果</td><td>专业工长(施工员)</td><td></td><td>施工班组长</td></tr>
<tr><td colspan="3">项目专业质量检查员：　年　月　日</td></tr>
<tr><td colspan="4">监理(建设)单位验收结论</td><td colspan="3">专业监理工程师：
(建设单位项目专业技术负责人)：
年　月　日</td></tr>
</table>

说　明

010203

地下连续墙由二部分组成,钢筋笼的验收按钢筋混凝土灌注桩钢筋笼的标准验收。地下墙的验收按本标准进行。永久结构的抗渗质量标准按《地下防水工程施工质量验收规范》验收。也应符合《混凝土结构工程施工质量验收规范》的规定。

主控项目:

1. 墙体强度。符合设计要求。$50m^3$ 的混凝土做一组试件,检查试块试压报告或抽芯试压。

2. 垂直度。永久结构 1/300。检查成槽机上的监测系统或超声波测槽仪测定。

临时结构 1/150。检查成槽机上的监测系统或超声波测槽仪测定。

一般项目:

1. 导墙尺寸。宽度: $W+40$mm(W 地下墙设计厚度)。尺量检查。

墙面平整度: <5mm。尺量检查。

导墙平面位置: ±10mm。尺量检查。

2. 沉渣厚度。永久结构≤100mm。重锤测量或沉积测定仪测量。

临时结构≤200mm。重锤测量或沉积测定仪测量。

3. 槽深。+100mm。重锤测量。

4. 混凝土坍落度。180~220mm。坍落度测定器。

5. 钢筋笼尺寸。由检验批(Ⅰ)验收合格。

6. 地下墙表面平整度。永久结构≤100mm。符合设计要求。用 2m 靠尺和塞尺检查。

临时结构≤150mm。符合设计要求。用 2m 靠尺和塞尺检查。

插入式结构≤20mm。符合设计要求。用 2m 靠尺和塞尺检查。

7. 永久结构时的预埋件位置。水平向≤10mm。尺量检查。

垂直向≤20mm。用水准仪检查。

施工前检查钢材、电焊条。已完工的导墙检查其净空尺寸，墙面平整度与垂直度。检查泥浆用的仪器、泥浆循环系统完好。

施工中检查成槽的垂直度、槽底的淤积物厚度、泥浆相对密度、钢筋笼尺寸、浇筑导管位置、混凝土上升速度、浇筑面标高、地下墙连接面的清洗程序、商品混凝土的坍落度、锁口管或接头箱的拔出时间及速度等。

成槽结束后应对成槽的宽度、深度及倾斜度进行检验，重要结构每段槽段都检查。一般结构可抽查总槽段数的20%，每槽段抽查1个段面。

永久性结构的地下墙，在钢筋笼沉放后，做二次清孔，沉渣厚度应符合要求。

检查后形成施工记录或检验报告。检查施工记录和检验报告。

锚杆及土钉墙支护工程检验批质量验收记录表
GB 50202—2002

010204□□□

单位(子单位)工程名称					
分部(子分部)工程名称				验收部位	
施工单位				项目经理	
分包单位				分包项目经理	
施工执行标准名称及编号					
施工质量验收规范的规定				施工单位检查评定记录	监理(建设)单位验收记录
主控项目	1	锚杆土钉长度	±30mm		
	2	锚杆锁定力	设计要求		
一般项目	1	锚杆或土钉位置	±100mm		
	2	钻孔倾斜度	±1°		
	3	浆体强度	设计要求		
	4	注浆量	>1		
	5	土钉墙面厚度	±10mm		
	6	墙体强度	设计要求		
施工单位检查评定结果	专业工长(施工员)		施工班组长		
	项目专业质量检查员：　年　月　日				
监理(建设)单位验收结论	专业监理工程师： (建设单位项目专业技术负责人)： 年　月　日				

说　　明

010204

主控项目：

1. 锚杆土钉长度。±30mm。尺量检查。

2. 锚杆锁定力。符合设计要求。现场抽样实测。

一般项目：

1. 锚杆或土钉位置。±100mm。尺量检查。

2. 钻孔倾斜度。±1°。测钻机倾角。

3. 浆体强度。符合设计要求。取样检验,检查试验报告。

4. 注浆量。>1。实际注浆量大于理论计算量。检查计量数据。

5. 土钉墙面厚度。±10mm。尺量检查。符合设计要求。

6. 墙体强度。符合设计要求。取样检验。检查试验报告。

施工前检查降水系统确保正常工作,挖掘机、钻机、压浆泵、搅拌机等能正常运转。

施工中检查锚杆或土钉位置,钻孔直径、深度及角度,锚杆或土钉插入长度,注浆配比、压力及注浆量,喷锚墙面厚度及强度、锚杆或土钉应力等。

每段支护体施工完后,检查坡顶或坡面位移,坡顶沉降及周围环境变化,如有异常情况应采取措施,恢复正常后方可继续施工。

加筋水泥土桩墙支护工程检验批质量验收记录表

GB 50202—2002

010205□□□

单位(子单位)工程名称					
分部(子分部)工程名称				验收部位	
施工单位				项目经理	
分包单位				分包项目经理	
施工执行标准名称及编号					
施工质量验收规范的规定				施工单位检查评定记录	监理(建设)单位验收记录
一般项目	1	型钢长度	±10mm		
	2	型钢垂直度	＜1%		
	3	型钢插入标高	±30mm		
	4	型钢插入平面位置	10mm		
施工单位检查评定结果			专业工长(施工员)		施工班组长
			项目专业质量检查员： 年 月 日		
监理(建设)单位验收结论			专业监理工程师： (建设单位项目专业技术负责人)： 年 月 日		

说　明

010205

水泥土墙支护结构指水泥土搅拌桩(包括加筋水泥土搅拌桩)、高压喷射注浆桩所构成的围护结构。尚应符合水泥土搅拌桩及高压喷射注浆桩的质量验收标准。

加筋水泥土桩墙支护工程均为一般项目。

1．型钢长度。±10mm。尺量检查。

2．型钢垂直度。<1%。经纬仪检查。

3．型钢插入标高。±30mm。用水准仪检查。

4．型钢插入平面位置。10mm。尺量检查。

沉井与沉箱工程检验批质量验收记录表
GB 50202—2002

010206□□□

<table>
<tr><td colspan="4">单位(子单位)工程名称</td><td colspan="3"></td></tr>
<tr><td colspan="4">分部(子分部)工程名称</td><td></td><td>验收部位</td><td></td></tr>
<tr><td>施工单位</td><td colspan="4"></td><td>项目经理</td><td></td></tr>
<tr><td>分包单位</td><td colspan="4"></td><td>分包项目经理</td><td></td></tr>
<tr><td colspan="4">施工执行标准名称及编号</td><td colspan="3"></td></tr>
<tr><td colspan="5">施工质量验收规范的规定</td><td>施工单位检查评定记录</td><td>监理(建设)单位验收记录</td></tr>
<tr><td rowspan="3">主控项目</td><td>1</td><td colspan="2">混凝土强度</td><td>设计要求</td><td rowspan="9"></td><td rowspan="9"></td></tr>
<tr><td>2</td><td colspan="2">封底前,沉井(箱)的下沉稳定</td><td>＜10mm/8h</td></tr>
<tr><td>3</td><td colspan="2">封底结束后的位置:
刃脚平均标高
(与设计标高比)
刃脚平面中心线位移
四角中任何两角的底面高差</td><td>
＜100mm
＜1%H
＜1%L</td></tr>
<tr><td rowspan="6">一般项目</td><td>1</td><td colspan="2">钢材、对接钢筋、水泥、骨料等原材料检查</td><td>设计要求</td></tr>
<tr><td>2</td><td colspan="2">结构体外观</td><td>无裂缝、无风窝、空洞、不露筋</td></tr>
<tr><td>3</td><td colspan="2">平面尺寸:长与宽
曲线部位半径
两对角线差
预埋件</td><td>±0.5%
±0.5%
1.0%
20mm</td></tr>
<tr><td rowspan="2">4</td><td rowspan="2">下沉过程中的偏差</td><td>高　差</td><td>1.5%~2.0%</td></tr>
<tr><td>平面轴线</td><td>＜1.5%H</td></tr>
<tr><td>5</td><td colspan="2">封底混凝土坍落度</td><td>18~22cm</td></tr>
<tr><td colspan="4" rowspan="2">施工单位检查评定结果</td><td>专业工长(施工员)</td><td></td><td>施工班组长</td></tr>
<tr><td colspan="3">项目专业质量检查员:　　年　　月　　日</td></tr>
<tr><td colspan="4">监理(建设)单位验收结论</td><td colspan="3">专业监理工程师:
(建设单位项目专业技术负责人):
年　　月　　日</td></tr>
</table>

说　明

010206

沉井是下沉结构,必须掌握确凿的地质资料。

沉井(箱)的施工由具有专业施工经验的单位承担。

制作、多次制作和下沉的沉井(箱),在每次制作接高时,应对下卧层作稳定复核计算,并确定确保沉井接高的稳定措施。

沉井施工除应符合本规范规定外,尚应符合现行国家标准《混凝土结构工程施工质量验收规范》GB 50204 及《地下防水工程施工质量验收规范》GB 50208 的规定。

沉井(箱)在施工前应对钢筋、电焊条及焊接成形的钢筋半成品进行检验。

混凝土浇筑前,应对模板尺寸、预埋件位置、模板的密封性进行检验。拆模后应检查浇筑质量(外观及强度),符合要求后方可下沉。浮运沉井尚需做起浮可能性检查。下沉过程中应对下沉偏差做过程控制检查。下沉后的接高应对地基强度、沉井的稳定检查。封底结束后,应对底板的结构(有无裂缝)及渗漏做检查。

沉井(箱)竣工后的验收应包括沉井(箱)的平面位置、终端标高、结构完整性、渗水等进行综合检查。

主控项目:

1. 混凝土强度。符合设计要求。检查试件试压报告或钻芯试压。下沉必须达到70%设计强度。

2. 封底前,沉井(箱)的下沉稳定。<10mm/8h。用水准仪测量。

3. 封底结束后的位置。刃脚平均标高:<100mm(与设计标高比)。用水准仪测量。

刃脚平面中心线位移:<1% H。用经纬仪测量,下沉总深度 H<10m 时,控制在 100mm 之内。

四角中任何两角的底面高差:<1% L。但不超过 300mm。用水准仪检查,L 为两角的距离,L<10m 时,控制在 100mm 之

内。

一般项目：

1. 钢材、对接钢筋、水泥、骨料等原材料。符合设计要求。检查产品合格证、检验报告。

2. 结构体外观。无裂缝、蜂窝、空洞和露筋。观察检查。

3. 平面尺寸：长与宽 ±0.5%。尺量检查，最大控制在100mm之内。

曲线部位半径±0.5%。尺量检查，最大控制在50mm之内。

两对角线差1.0%。尺量检查。

预埋件20mm。尺量检查。

4. 下沉过程中的偏差，高差1.5%～2.0%，但最大不超过1m，用水准仪测量。

平面轴线<1.5% H，最大控制在300mm之内。用经纬仪检查。

5. 封底混凝土坍落度18～22cm。坍落度测定器。检查试验记录。

检查后形成施工记录或检验报告。

检查施工记录和检验报告。

钢或混凝土支撑工程检验批质量验收记录表

GB 50202—2002

010207□□□

<table>
<tr><td colspan="3">单位(子单位)工程名称</td><td colspan="3"></td></tr>
<tr><td colspan="3">分部(子分部)工程名称</td><td></td><td>验收部位</td><td></td></tr>
<tr><td colspan="2">施工单位</td><td colspan="2"></td><td>项目经理</td><td></td></tr>
<tr><td colspan="2">分包单位</td><td colspan="2"></td><td>分包项目经理</td><td></td></tr>
<tr><td colspan="3">施工执行标准名称及编号</td><td colspan="3"></td></tr>
<tr><td colspan="4">施工质量验收规范的规定</td><td>施工单位检查评定记录</td><td>监理(建设)单位验收记录</td></tr>
<tr><td rowspan="2">主控项目</td><td>1</td><td>支撑位置:标高
平面</td><td>±30mm
±100mm</td><td></td><td rowspan="7"></td></tr>
<tr><td>2</td><td>预加顶力</td><td>±50kN</td><td></td></tr>
<tr><td rowspan="5">一般项目</td><td>1</td><td>围囹标高</td><td>±30mm</td><td rowspan="5"></td></tr>
<tr><td>2</td><td>立柱桩</td><td>设计要求</td></tr>
<tr><td>3</td><td>立桩位置:标高
平面</td><td>±30mm
±50mm</td></tr>
<tr><td>4</td><td>开挖超深(开槽放支撑不在此范围)</td><td><200mm</td></tr>
<tr><td>5</td><td>支撑安装时间</td><td>设计要求</td></tr>
<tr><td colspan="3" rowspan="2">施工单位检查评定结果</td><td>专业工长(施工员)</td><td>施工班组长</td><td></td></tr>
<tr><td colspan="3">项目专业质量检查员: 年 月 日</td></tr>
<tr><td colspan="3">监理(建设)单位验收结论</td><td colspan="3">专业监理工程师:
(建设单位项目专业技术负责人):
年 月 日</td></tr>
</table>

说 明

010207

主控项目:

1. 支撑位置:标高±30mm。用水准仪检查,符合设计标高。平面±100mm。尺量检查。符合设计位置。

2. 预加顶力。±50kN。检查油泵读数或传感的读数。

一般项目：

1. 围图标高。±30mm。用水准认错检查。
2. 立柱桩。符合设计要求。按相应桩基标准验收。
3. 立桩位置:标高±30mm。用水准仪检查。
   平面±50mm。尺量检查。
4. 开挖超深。<200mm。用水准仪检查。
5. 支撑安装时间。符合设计要求。

施工前熟悉支撑系统的图纸,掌握开挖及支撑设置的方式、预顶力及周围环境保护的要求。

施工过程中严格控制开挖和支撑的程序及时间,对支撑的位置(包括立柱及立柱的位置)、每层开挖深度、预加顶力(如需要时)、钢围图与围护体或支撑与围图的密贴度应做周密检查。

全部支撑安装结束后,仍维持整个系统的正常运转直至支撑全部拆除。

施工过程形成施工记录或检验报告。

检查施工记录和检验报告。

灰土地基工程检验批质量验收记录表
GB 50202—2002

010301□□□

<table>
<tr><td colspan="3">单位(子单位)工程名称</td><td colspan="4"></td></tr>
<tr><td colspan="3">分部(子分部)工程名称</td><td colspan="2"></td><td>验收部位</td><td></td></tr>
<tr><td colspan="2">施工单位</td><td colspan="3"></td><td>项目经理</td><td></td></tr>
<tr><td colspan="2">分包单位</td><td colspan="3"></td><td>分包项目经理</td><td></td></tr>
<tr><td colspan="3">施工执行标准名称及编号</td><td colspan="4"></td></tr>
<tr><td colspan="4">施工质量验收规范的规定</td><td>施工单位检查评定记录</td><td colspan="2">监理(建设)单位验收记录</td></tr>
<tr><td rowspan="3">主控项目</td><td>1</td><td>地基承载力</td><td>设计要求</td><td></td><td colspan="2" rowspan="8"></td></tr>
<tr><td>2</td><td>配合比</td><td>设计要求</td><td></td></tr>
<tr><td>3</td><td>压实系数</td><td>设计要求</td><td></td></tr>
<tr><td rowspan="5">一般项目</td><td>1</td><td>石灰粒径(mm)</td><td>≤5</td><td></td></tr>
<tr><td>2</td><td>土料有机质含量(%)</td><td>≤5</td><td></td></tr>
<tr><td>3</td><td>土颗粒粒径(mm)</td><td>≤15</td><td></td></tr>
<tr><td>4</td><td>含水量(与要求的最优含水量比较)(%)</td><td>±2</td><td></td></tr>
<tr><td>5</td><td>分层厚度偏差(与设计要求比较)(mm)</td><td>±50</td><td></td></tr>
<tr><td colspan="3" rowspan="2">施工单位检查评定结果</td><td>专业工长(施工员)</td><td></td><td>施工班组长</td><td></td></tr>
<tr><td colspan="4">项目专业质量检查员：　年　月　日</td></tr>
<tr><td colspan="3">监理(建设)单位验收结论</td><td colspan="4">专业监理工程师：
(建设单位项目专业技术负责人)：
年　月　日</td></tr>
</table>

说　明

010301

主控项目：

1．地基承载力，由设计提出要求，在施工结束后，一定时间后进行灰土地基的承载力检验。其检验方法也因各地设计单位的习惯、经验等不同，选用标贯、静力触探及十字板剪切强度或承载力检验等方法。

按设计指定方法检验。其结果必须达到设计要求的标准。

每个单位工程不少于 3 点，$1000m^2$ 以上，每 $100m^2$ 抽查 1 点；$3000m^2$ 以上，每 $300m^2$ 抽查 1 点；独立柱每柱 1 点，基槽每 20 延长米 1 点。

2．灰土配合比。土料、石灰或水泥材料质量、配合比用体积比拌和均匀，应符合设计要求；观察检查，必要时检查材料试验报告。

3．压实系数。首先检查分层铺设的厚度，分段施工时，上下两层搭接的长度，夯实时的加水量，夯实遍数。按规定检测压实系数，结果符合设计要求。检查施工记录。

一般项目：

1．石灰粒径。≤5mm，检查筛子及实施情况；

2．土料有机质含量。≤5%，检查焙烧试验报告；

3．土颗粒粒径。≤15mm，检查筛子及实施情况；

4．含水量。±2%，与要求的最优含量比较，观察检查现场和检查烘干报告。

5．分层厚度偏差。±50mm，与设计要求比较。尺量检查。

施工前检查土料、石灰（水灰）材质、配合比及拌和均匀。施工中检查分层铺设厚度、分段施工上下层搭接长度、加水量、夯压遍数及压实系数。施工结束后检查地基承载力。检查后形成施工记录或检验报告。检查施工记录和检验报告。

砂和砂石地基检验批质量验收记录表

GB 50202—2002

010302□□□

<table>
<tr><td colspan="4">单位(子单位)工程名称</td><td colspan="3"></td></tr>
<tr><td colspan="4">分部(子分部)工程名称</td><td></td><td>验收部位</td><td></td></tr>
<tr><td colspan="2">施工单位</td><td colspan="3"></td><td>项目经理</td><td></td></tr>
<tr><td colspan="2">分包单位</td><td colspan="3"></td><td>分包项目经理</td><td></td></tr>
<tr><td colspan="4">施工执行标准名称及编号</td><td colspan="3"></td></tr>
<tr><td colspan="4">施工质量验收规范的规定</td><td>施工单位检查评定记录</td><td colspan="2">监理(建设)单位验收记录</td></tr>
<tr><td rowspan="3">主控项目</td><td>1</td><td>地基承载力</td><td>设计要求</td><td></td><td colspan="2"></td></tr>
<tr><td>2</td><td>配合比</td><td>设计要求</td><td></td><td colspan="2"></td></tr>
<tr><td>3</td><td>压实系数</td><td>设计要求</td><td></td><td colspan="2"></td></tr>
<tr><td rowspan="5">一般项目</td><td>1</td><td>砂石料有机质含量(%)</td><td>≤5</td><td></td><td colspan="2"></td></tr>
<tr><td>2</td><td>砂石料含泥量(%)</td><td>≤5</td><td></td><td colspan="2"></td></tr>
<tr><td>3</td><td>石料粒径(mm)</td><td>≤100</td><td></td><td colspan="2"></td></tr>
<tr><td>4</td><td>含水量(与最优含水量比较)(%)</td><td>±2</td><td></td><td colspan="2"></td></tr>
<tr><td>5</td><td>分层厚度(与设计要求比较)(mm)</td><td>±50</td><td></td><td colspan="2"></td></tr>
<tr><td colspan="3" rowspan="2">施工单位检查评定结果</td><td colspan="2">专业工长(施工员)</td><td>施工班组长</td><td></td></tr>
<tr><td colspan="4">项目专业质量检查员：　年　月　日</td></tr>
<tr><td colspan="3">监理(建设)单位验收结论</td><td colspan="4">专业监理工程师：
(建设单位项目专业技术负责人)：
年　月　日</td></tr>
</table>

说　明

010302

主控项目：

1. 地基承载力。由设计提出要求，在施工结束后，一定时间后进行灰土地基的承载力检验。其检验方法也因各地设计单位的习惯、经验等不同，选用标贯、静力触探及十字板剪切强度或承载力检验等方法。按设计指定方法检验。其结果必须达到设计要求的标准。

每个单位工程不少于3点，1000m^{2}以上，每100m^{2}抽查1点；3000mm^{2}以上，每300m^{2}抽查1点；独立柱每柱1点，基槽每20延长米1点。

2. 配合比。砂、石材料质量及配合比符合设计要求，体积比或重量比砂石搅拌均匀。检查施工记录。

3. 压实系数。现场施工随时检查分层铺筑厚度，分段施工搭接部位的压实情况，加水量区压实遍数，按规定检测压实系数结果应符合设计要求。检查施工记录。

一般项目：

1. 砂石料有机质含量。≤5%。检查焙烧试验报告。

2. 砂石料含泥量。≤5%。现场检查及检查水洗试验报告。

3. 石料粒径。≤100mm。检查得分报告。

4. 含水量。±2%。与最优含水量比较，检查烘干报告。

5. 分层厚度。±50mm，与设计厚度比较。水准仪检查。

施工前检查砂、石质量、配合比及砂石搅拌情况。施工中检查分层厚度、搭接部位压实情况、加水量、压实遍数、压实系数。施工结束后检查砂和砂石地基的承载力。

检查后形成施工记录或检验报告。

检查施工记录和检验报告。

土工合成材料地基工程检验批质量验收记录表
GB 50202—2002

010303□□□

<table>
<tr><td colspan="3">单位(子单位)工程名称</td><td colspan="3"></td></tr>
<tr><td colspan="3">分部(子分部)工程名称</td><td colspan="2"></td><td>验收部位</td></tr>
<tr><td>施工单位</td><td colspan="3"></td><td>项目经理</td><td></td></tr>
<tr><td>分包单位</td><td colspan="3"></td><td>分包项目经理</td><td></td></tr>
<tr><td colspan="3">施工执行标准名称及编号</td><td colspan="3"></td></tr>
<tr><td colspan="4">施工质量验收规范的规定</td><td>施工单位检查评定记录</td><td>监理(建设)单位验收记录</td></tr>
<tr><td rowspan="3">主控项目</td><td>1</td><td>土工合成材料强度(%)</td><td>≤5</td><td></td><td rowspan="7"></td></tr>
<tr><td>2</td><td>土工合成材料延伸率(%)</td><td>≤3</td><td></td></tr>
<tr><td>3</td><td>地基承载力</td><td>设计要求</td><td></td></tr>
<tr><td rowspan="4">一般项目</td><td>1</td><td>土工合成材料搭接长度(mm)</td><td>≥300</td><td></td></tr>
<tr><td>2</td><td>土石料有机质含量(%)</td><td>≤5</td><td></td></tr>
<tr><td>3</td><td>层面平整度(mm)</td><td>≤20</td><td></td></tr>
<tr><td>4</td><td>每层铺设厚度(mm)</td><td>±25</td><td></td></tr>
<tr><td colspan="3" rowspan="2">施工单位检查评定结果</td><td>专业工长(施工员)</td><td></td><td>施工班组长</td></tr>
<tr><td colspan="3">项目专业质量检查员：　年　月　日</td></tr>
<tr><td colspan="3">监理(建设)单位验收结论</td><td colspan="3">专业监理工程师：
(建设单位项目专业技术负责人)：
年　月　日</td></tr>
</table>

说　明

010303

主控项目：

1. 土工合成材料强度。做拉伸试验，抗拉强度与设计要求标准相比较。≤5%。检查试验报告。

2. 土工合成材料延伸率。做拉伸试验，结果与设计要求标准相比较。≤3%。检查试验报告。

3. 地基承载力。由设计提出要求，在施工结束后，一定时间后进行灰土地基的承载力检验。其检验方法也因各地设计单位的习惯、经验等不同，选用标贯、静力触探及十字板剪切强度或承载力检验等方法。按设计指定方法检验。其结果必须达到设计要求的标准。

每个单位工程不少于3点。1000m^{2}以上，每100m^{2}抽查1点；3000m^{2}以上，每300m^{2}抽查1点；独立柱每柱1点，基槽每20延长米1点。

一般项目：

1. 土工合成材料搭接长度。≥300mm。尺量检查。随时检查，土工合成材料铺设方向、接缝情况、搭接长度及与结构连接情况等。

2. 土石料有机质含量。≤5%。检查焙烧试验报告。

3. 层面平整度。≤20mm。用2m靠尺检查。

4. 每层铺设厚度。±25mm，随时检查清基、铺设厚度、平整度，水准仪检查，与设计厚度比较。

施工前检查土工合成材料性能、强度、延伸率及土、砂石料质量。施工中检查清基、回填铺料厚度及平整度土工。合成材料铺设方向、搭接长度及与结构连接状况。施工结束后检查承载力。

检查形成施工记录或检验报告。

检查施工记录和检验报告。

粉煤灰地基工程检验批质量验收记录表

GB 50202—2002

010304□□□

<table>
<tr><td colspan="4">单位(子单位)工程名称</td><td colspan="3"></td></tr>
<tr><td colspan="4">分部(子分部)工程名称</td><td></td><td>验收部位</td><td></td></tr>
<tr><td>施工单位</td><td colspan="4"></td><td>项目经理</td><td></td></tr>
<tr><td>分包单位</td><td colspan="4"></td><td>分包项目经理</td><td></td></tr>
<tr><td colspan="4">施工执行标准名称及编号</td><td colspan="3"></td></tr>
<tr><td colspan="4">施工质量验收规范的规定</td><td>施工单位检查评定记录</td><td colspan="2">监理(建设)单位验收记录</td></tr>
<tr><td rowspan="2">主控项目</td><td>1</td><td>压实系数</td><td>设计要求</td><td></td><td colspan="2" rowspan="2"></td></tr>
<tr><td>2</td><td>地基承载力</td><td>设计要求</td><td></td></tr>
<tr><td rowspan="5">一般项目</td><td>1</td><td>粉煤灰粒径(mm)</td><td>0.001～2.000</td><td></td><td colspan="2" rowspan="5"></td></tr>
<tr><td>2</td><td>氧化铝及二氧化硅含量(%)</td><td>≥70</td><td></td></tr>
<tr><td>3</td><td>烧失量(%)</td><td>≤12</td><td></td></tr>
<tr><td>4</td><td>每层铺筑厚度(mm)</td><td>±50</td><td></td></tr>
<tr><td>5</td><td>含水量(与最优含水量比较)(%)</td><td>±2</td><td></td></tr>
<tr><td colspan="3"></td><td colspan="2">专业工长(施工员)</td><td>施工班组长</td><td></td></tr>
<tr><td colspan="3">施工单位检查评定结果</td><td colspan="4">项目专业质量检查员：　年　月　日</td></tr>
<tr><td colspan="3">监理(建设)单位验收结论</td><td colspan="4">专业监理工程师：
(建设单位项目专业技术负责人)：
年　月　日</td></tr>
</table>

说　明

010304

主控项目：

1. 压实系数。现场施工随时检查分层铺筑厚度、碾压遍数，施工含水量控制，分段施工搭接区碾压程度，按规定检测压实系数结果符合设计要求。检查施工记录和试验报告。

2. 地基承载力。由设计提出要求，在施工结束后，一定时间后进行灰土地基的承载力检验。其检验方法也因各地设计单位的习惯、经验等不同，选用标贯、静力触探及十字板剪切强度或承载力检验等方法。按设计指定方法检验。其结果必须达到设计要求的标准。

每个单位工程不少于 3 点。1000m^2 以上，每 100m^2 抽查 1 点；3000m^2 以上，每 300m^2 抽查 1 点；独立柱每柱 1 点，基槽每 20 延长米 1 点。

一般项目：

1. 粉煤灰粒径。0.001～2.00mm。检查过筛报告。

2. 氧化铝及二氧化硅含量。≥70％。检查试验报告。

3. 烧失量。≤12％。检查烧结试验报告。

4. 每层铺筑厚度。±50mm。检查基槽清底情况。

地质条件及平整度情况。用水准仪检查。

5. 含水量。±2％与最优含水量比较。现场取样、检查试验报告。

施工前检查粉煤灰材料、基槽清底情况、地质条件。施工中检查铺筑厚度、碾压遍数、施工含水量、搭接正碾压程度、压实系数。施工结束后检验地基承载力。

检查形成施工记录或检验报告。

检查施工记录和检验报告。

强夯地基工程检验批质量验收记录表

GB 50202—2002

010305□□□

<table>
<tr><td colspan="4">单位(子单位)工程名称</td><td colspan="3"></td></tr>
<tr><td colspan="4">分部(子分部)工程名称</td><td colspan="1"></td><td>验收部位</td><td></td></tr>
<tr><td>施工单位</td><td colspan="4"></td><td>项目经理</td><td></td></tr>
<tr><td>分包单位</td><td colspan="4"></td><td>分包项目经理</td><td></td></tr>
<tr><td colspan="4">施工执行标准名称及编号</td><td colspan="3"></td></tr>
<tr><td colspan="4">施工质量验收规范的规定</td><td>施工单位检查评定记录</td><td colspan="2">监理(建设)单位验收记录</td></tr>
<tr><td rowspan="2">主控项目</td><td>1</td><td>地基强度</td><td>设计要求</td><td></td><td colspan="2" rowspan="2"></td></tr>
<tr><td>2</td><td>地基承载力</td><td>设计要求</td><td></td></tr>
<tr><td rowspan="6">一般项目</td><td>1</td><td>夯锤落距(mm)</td><td>±300</td><td></td><td colspan="2" rowspan="6"></td></tr>
<tr><td>2</td><td>锤重(kg)</td><td>±100</td><td></td></tr>
<tr><td>3</td><td>夯击遍数及顺序</td><td>设计要求</td><td></td></tr>
<tr><td>4</td><td>夯点间距(mm)</td><td>±500</td><td></td></tr>
<tr><td>5</td><td>夯击范围(超出基础范围距离)</td><td>设计要求</td><td></td></tr>
<tr><td>6</td><td>前后两遍间歇时间</td><td>设计要求</td><td></td></tr>
<tr><td colspan="3" rowspan="2">施工单位检查评定结果</td><td>专业工长(施工员)</td><td></td><td>施工班组长</td><td></td></tr>
<tr><td colspan="4">项目专业质量检查员： 年 月 日</td></tr>
<tr><td colspan="3">监理(建设)单位验收结论</td><td colspan="4">专业监理工程师：
(建设单位项目专业技术负责人)：
年 月 日</td></tr>
</table>

说　明

010305

主控项目：

1．地基强度。按设计指定方法检测，强度达到设计要求。

2．地基承载力。由设计提出要求，在施工结束后，一定时间后进行灰土地基的承载力检验。其检验方法也因各地设计单位的习惯、经验等不同，选用标贯、静力触探及十字板剪切强度或承载力检验等方法。按设计指定方法检验。其结果必须达到设计要求的标准。

每个单位工程不少于3点。1000m^{2}以上，每100m^{2}抽查1点；3000m^{2}以上，每300m^{2}抽查1点；独立柱每柱1点，基槽每20延长米1点。

一般项目：

1．夯锤落距。±300mm。根据设计及试夯确定落距，控制落距标志设在钢索上。开夯前尺量检查，施工中检查标志符合控制要求±300mm。

2．锤重。±100kg。根据设计及试夯确定锤重。称量与设计锤重比较。符合±100kg。

3．夯击遍数及顺序。符合设计要求。

4．夯点距离。±500mm。尺量检查与设计比较。

5．夯击范围。用尺量检查超出基础范围距离。符合设计要求。

6．前后两遍间歇时间，符合设计要求。

施工前检查夯锤重量、尺寸落距控制手段，排水设施及被夯土质。施工中检查落距、夯击遍数、夯点位置、夯击范围。施工结束后检查地基的强度、承载力。

检查后形成施工记录或检验报告。

检查施工记录和检验报告。

振冲地基工程检验批质量验收记录表
GB 50202—2002

010306□□□

<table>
<tr><td colspan="3">单位(子单位)工程名称</td><td colspan="3"></td></tr>
<tr><td colspan="3">分部(子分部)工程名称</td><td></td><td>验收部位</td><td></td></tr>
<tr><td>施工单位</td><td colspan="3"></td><td>项目经理</td><td></td></tr>
<tr><td>分包单位</td><td colspan="3"></td><td>分包项目经理</td><td></td></tr>
<tr><td colspan="3">施工执行标准名称及编号</td><td colspan="3"></td></tr>
<tr><td colspan="4">施工质量验收规范的规定</td><td>施工单位检查评定记录</td><td>监理(建设)单位验收记录</td></tr>
<tr><td rowspan="5">主控项目</td><td>1</td><td>填料粒径</td><td>设计要求</td><td></td><td rowspan="10"></td></tr>
<tr><td rowspan="3">2</td><td>密实电流(粘性土)(A)</td><td>50～55</td><td></td></tr>
<tr><td>密实电流(砂性土或粉土)(A)(以上为功率30kW振冲器)</td><td>40～50</td><td></td></tr>
<tr><td>密实电流(其他类型振冲器)(Ao)</td><td>1.5～2.0</td><td></td></tr>
<tr><td>3</td><td>地基承载力</td><td>设计要求</td><td></td></tr>
<tr><td rowspan="5">一般项目</td><td>1</td><td>填料含泥量(%)</td><td><5</td><td></td></tr>
<tr><td>2</td><td>振冲器喷水中心与孔径中心偏差(mm)</td><td>≤50</td><td></td></tr>
<tr><td>3</td><td>成孔中心与设计孔位中心偏差(mm)</td><td>≤100</td><td></td></tr>
<tr><td>4</td><td>桩体直径(mm)</td><td><50</td><td></td></tr>
<tr><td>5</td><td>孔深(mm)</td><td>±200</td><td></td></tr>
<tr><td colspan="3" rowspan="2">施工单位检查评定结果</td><td>专业工长(施工员)</td><td></td><td>施工班组长</td></tr>
<tr><td colspan="3">项目专业质量检查员： 年 月 日</td></tr>
<tr><td colspan="3">监理(建设)单位验收结论</td><td colspan="3">专业监理工程师：
(建设单位项目专业技术负责人)：
年 月 日</td></tr>
</table>

说　明

010306

主控项目：

1．填料粒径，符合设计要求，检查检验报告。

2．密实电流控制

粘性土(30kW 振冲器)50～55A，电流表读数。

砂性土或粉土(30kW 振冲器)40～50A。

其他类型振冲器 1.5～2.0Ao(空振电流)。

边施工边检查，定时做好施工记录，检查施工记录。

3. 地基承载力。由设计提出要求，在施工结束后，一定时间后进行灰土地基的承载力检验。其检验方法也因各地设计单位的习惯、经验等不同，选用标贯、静力触探及十字板剪切强度或承载力检验等方法。按设计指定方法检验。其结果必须达到设计要求的标准。

每个单位工程不少于 3 点。1000m^2 以上，每 100m^2 抽查 1 点；3000m^2 以上，每 300m^2 抽查 1 点；独立柱每柱 1 点，基槽每 20 延长米 1 点。

一般项目：

1．材料含泥量＜5％。检查检测报告。

2．振冲器喷水中心与孔径中心偏差。≤50mm。与设计放线位置比，尺量检查，符合≤50mm为合格。

3．成孔中心与设计孔位中心偏差。≤100mm。尺量检查。符合≤100mm 为合格。

4．桩体直径。＜50mm。尺量检查。与设计直径比，大设关系，符合＜50mm 为合格。

5．孔深。±200mm。尺量检查钻杆或重锤吊测。符合±200mm为合格。

施工前检查振冲器性能、电流表、电压表准确度及填料性能。施工过程中检查密实电流、供水压力、供水量、填料量、孔底留振时间、振冲点位置、孔径、孔深等。施工结束按规定做地基强度或承载力检验。

检查后形成施工记录或检验报告。

检查施工记录和检验报告。

砂桩地基工程检验批质量验收记录表
GB 50202—2002

010307□□□

<table>
<tr><td colspan="3">单位(子单位)工程名称</td><td colspan="3"></td></tr>
<tr><td colspan="3">分部(子分部)工程名称</td><td colspan="2"></td><td>验收部位</td><td></td></tr>
<tr><td colspan="2">施工单位</td><td colspan="3"></td><td>项目经理</td><td></td></tr>
<tr><td colspan="2">分包单位</td><td colspan="3"></td><td>分包项目经理</td><td></td></tr>
<tr><td colspan="3">施工执行标准名称及编号</td><td colspan="4"></td></tr>
<tr><td colspan="4">施工质量验收规范的规定</td><td>施工单位检查评定记录</td><td colspan="2">监理(建设)单位验收记录</td></tr>
<tr><td rowspan="3">主控项目</td><td>1</td><td>灌砂量(%)</td><td>≥95</td><td rowspan="3"></td><td colspan="2" rowspan="3"></td></tr>
<tr><td>2</td><td>地基强度</td><td>设计要求</td></tr>
<tr><td>3</td><td>地基承载力</td><td>设计要求</td></tr>
<tr><td rowspan="5">一般项目</td><td>1</td><td>砂料的含泥量(%)</td><td>≤3</td><td rowspan="5"></td><td colspan="2" rowspan="5"></td></tr>
<tr><td>2</td><td>砂料的有机质含量(%)</td><td>≤5</td></tr>
<tr><td>3</td><td>桩位(mm)</td><td>≤50</td></tr>
<tr><td>4</td><td>砂桩标高(mm)</td><td>±150</td></tr>
<tr><td>5</td><td>垂直度(%)</td><td>≤1.5</td></tr>
<tr><td colspan="3" rowspan="2">施工单位检查评定结果</td><td>专业工长(施工员)</td><td></td><td>施工班组长</td><td></td></tr>
<tr><td colspan="4">项目专业质量检查员： 年 月 日</td></tr>
<tr><td colspan="3">监理(建设)单位验收结论</td><td colspan="4">专业监理工程师：
(建设单位项目专业技术负责人)：
年 月 日</td></tr>
</table>

说 明

010307

主控项目：

1. 灌砂量。≥95%。测量实际用砂量与设计体积比。不少于95%。

2. 地基强度。按设计指定方法检测，强度达到设计要求。

3. 地基承载力。由设计提出要求，在施工结束后，一定时间后进行灰土地基的承载力检验。基检验方法也因各地设计单位的习惯、经验等不同，选用标贯、静力触探及十字板剪切强度或承载力检验等方法。按设计指定方法检验。其结果必须达到设计要求的标准。

每个单位工程不少于3点。$1000m^2$以上，每$100m^2$抽查1点；$3000m^2$以上，每$300m^2$抽查1点；独立柱每柱1点，基槽每20延长米1点。

一般项目：

1. 砂料的含泥量。≤3%。取样，进行检验。检查检验报告。

2. 砂料的有机质含量。≤5%。取样，用焙烧法试验。检查试验报告。

3. 桩位。≤50mm。尺量检查，根据桩孔放线检查。

4. 砂桩标高。±150mm。用水准仪检查。

5. 垂直度。≤1.5%。用经纬仪检查桩管垂直度。控制在1.5%内。

施工前应检查砂料的含泥量及有机质含量、样桩的位置。施工中检查桩位、灌砂量、标高、垂直度。施工结束后检验地基强度或承载力。

检查后形成施工记录或检验报告。

检查施工记录和检验报告。

预压地基工程检验批质量验收记录表

GB 50202—2002

010308□□□

<table>
<tr><td colspan="3">单位(子单位)工程名称</td><td colspan="4"></td></tr>
<tr><td colspan="3">分部(子分部)工程名称</td><td colspan="2"></td><td>验收部位</td><td></td></tr>
<tr><td>施工单位</td><td colspan="4"></td><td>项目经理</td><td></td></tr>
<tr><td>分包单位</td><td colspan="4"></td><td>分包项目经理</td><td></td></tr>
<tr><td colspan="3">施工执行标准名称及编号</td><td colspan="4"></td></tr>
<tr><td colspan="4">施工质量验收规范的规定</td><td>施工单位检查评定记录</td><td colspan="2">监理(建设)单位验收记录</td></tr>
<tr><td rowspan="3">主控项目</td><td>1</td><td>预压载荷(%)</td><td>≤2</td><td></td><td colspan="2"></td></tr>
<tr><td>2</td><td>固结度(与设计要求比)(%)</td><td>≤2</td><td></td><td colspan="2"></td></tr>
<tr><td>3</td><td>承载力或其他性能指标</td><td>设计要求</td><td></td><td colspan="2"></td></tr>
<tr><td rowspan="6">一般项目</td><td>1</td><td>沉降速率(与控制值比)(%)</td><td>±10</td><td></td><td colspan="2"></td></tr>
<tr><td>2</td><td>砂井或塑料排水带位置(mm)</td><td>±100</td><td></td><td colspan="2"></td></tr>
<tr><td>3</td><td>砂井或塑料排水带插入深度(mm)</td><td>±200</td><td></td><td colspan="2"></td></tr>
<tr><td>4</td><td>插入塑料排水带时的回带长度(mm)</td><td>≤500</td><td></td><td colspan="2"></td></tr>
<tr><td>5</td><td>塑料排水带或砂井高出砂垫层距离(mm)</td><td>≥200</td><td></td><td colspan="2"></td></tr>
<tr><td>6</td><td>插入塑料排水带的回带根数(%)</td><td><5</td><td></td><td colspan="2"></td></tr>
<tr><td colspan="3" rowspan="2">施工单位检查评定结果</td><td>专业工长(施工员)</td><td></td><td>施工班组长</td><td></td></tr>
<tr><td colspan="4">项目专业质量检查员： 年 月 日</td></tr>
<tr><td colspan="3">监理(建设)单位验收结论</td><td colspan="4">专业监理工程师：
(建设单位项目专业技术负责人)：
年 月 日</td></tr>
</table>

说　明

010308

主控项目：

1．预压载荷。≤2%。用水准仪检查，符合设计要求。当真空预压时，真空度降低值<2%，与设计值比较。观察检查。堆载预压，必须分级堆载，以确保预压效果并避免坍滑事故，一般每天控制沉降在10～15mm，边桩控制在4～7mm。孔隙水压力增量不超过预压荷载增量60%，以这些来控制堆载速率。用水准仪检查。符合设计要求为合格。

2．固结度。≤2%（与设计要求比）。按设计要求进行检验。

3．承载力或其他性能指标。按设计要求或规定方法进行检验。通常施工结束后，做十字板剪切强度或标贯、静力触探；检测地基土强度及其他物理力学技术指标。重要建筑地基做承载力检验。

一般项目：

1．沉降速率。±10%（与控制值比）。用预压载荷来控制沉降速率。用水准仪检查。

2．砂井或塑料排水带位置。±100mm。尺量检查。

按设计位置进行检测，符合±100mm要求。

3．砂井或塑料排水带插入深度±200mm。插入时用水准仪检查，控制在±200mm以内。

4．插入塑料排水带时的回带长度。≤500mm。尺量检查。符合±≤500mm的要求。

5．塑料排水带或砂井高出砂垫层距离。≥200mm。插入时用水准仪检查，控制在±200mm以内。

6．插入塑料排水带的回带根数。<5%。观察检查。

施工前检查施工监测措施、沉降、孔隙水压力原始数据，砂井塑料排水带位置，塑料排水带质量。

施工中检查堆载高度、沉降速率、密封膜密封性、真空表读数。施工结束后检查地基土强度、物理力学指标以及承载力检验。

检查后形成施工记录或检验报告。

检查施工记录和检验报告。

高压喷射注浆地基工程检验批质量验收记录表
GB 50202—2002

010309□□□

<table>
<tr><td colspan="3">单位(子单位)工程名称</td><td colspan="3"></td></tr>
<tr><td colspan="3">分部(子分部)工程名称</td><td colspan="2"></td><td>验收部位</td></tr>
<tr><td colspan="2">施工单位</td><td colspan="3"></td><td>项目经理</td></tr>
<tr><td colspan="2">分包单位</td><td colspan="2"></td><td>分包项目经理</td><td></td></tr>
<tr><td colspan="3">施工执行标准名称及编号</td><td colspan="3"></td></tr>
<tr><td colspan="4">施工质量验收规范的规定</td><td>施工单位检查评定记录</td><td>监理(建设)单位验收记录</td></tr>
<tr><td rowspan="4">主控项目</td><td>1</td><td>水泥及外掺剂质量</td><td>符合出厂要求</td><td></td><td rowspan="11"></td></tr>
<tr><td>2</td><td>水泥用量</td><td>设计要求</td><td></td></tr>
<tr><td>3</td><td>桩体强度或完整性检验</td><td>设计要求</td><td></td></tr>
<tr><td>4</td><td>地基承载力</td><td>设计要求</td><td></td></tr>
<tr><td rowspan="7">一般项目</td><td>1</td><td>钻孔位置(mm)</td><td>≤50</td><td></td></tr>
<tr><td>2</td><td>钻孔垂直度(%)</td><td>≤1.5</td><td></td></tr>
<tr><td>3</td><td>孔深(mm)</td><td>±200</td><td></td></tr>
<tr><td>4</td><td>注浆压力</td><td>按设定参数指标</td><td></td></tr>
<tr><td>5</td><td>桩体搭接(mm)</td><td>>200</td><td></td></tr>
<tr><td>6</td><td>桩体直径(mm)</td><td>≤50</td><td></td></tr>
<tr><td>7</td><td>桩身中心允许偏差(mm)</td><td>≤0.2D</td><td></td></tr>
<tr><td colspan="3" rowspan="2">施工单位检查评定结果</td><td>专业工长(施工员)</td><td></td><td>施工班组长</td></tr>
<tr><td colspan="3">项目专业质量检查员：　　年　月　日</td></tr>
<tr><td colspan="3">监理(建设)单位验收结论</td><td colspan="3">专业监理工程师：
(建设单位项目专业技术负责人)：
年　月　日</td></tr>
</table>

说　明

010309

主控项目：

1．水泥及外掺剂质量。按设计要求选用，并按规定做检测试验，检查合格证及试验报告。

2．水泥用量。符合设计要求。检查水灰比及查看流量表。

3．桩体强度或完整性检验。按设计要求进行检验。

4．地基承载力。由设计提出要求，在施工结束后，一定时间后进行灰土地基的承载力检验。其检验方法也因各地设计单位的习惯、经验等不同，选用标贯、静力触探及十字板剪切强度或承载力检验等方法。按设计指定方法检验。其结果必须达到设计要求的标准。

每个单位工程不少于 3 点。1000m^2 以上，每 100m^2 抽查 1 点；3000m^2 以上，每 300m^2 抽查 1 点；独立柱每柱 1 点，基槽每 20 延长米 1 点。

一般项目：

1．钻孔位置。≤50mm。按设计放线进行检查。尺量检查。

2．钻孔垂直度。≤1.5。用经纬仪测钻杆垂直度。

3．孔深。±200mm，尺量检查。

4．注浆压力。按设计设定的参数指标，查看压力表。

5．桩体搭接。>200mm。尺量检查。

6．桩体直径。≤50mm。尺量检查。

7．桩身中心允许偏差。≤$0.2D$。开挖后桩顶下 500mm 处，用尺量检查桩的直径。

施工前检查水泥、外掺剂的质量、桩位、压力表、流量表的精度、高压喷射设备的性能。施工中检查施工压力、水泥浆量、提升速度、旋转速度及施工程序等。施工结束后，检验桩体强度、平均直径、桩身中心位置，28d 后检验桩体质量及承载力等。

检查后形成施工记录或检验报告。

检查施工记录和检验报告。

土和灰土挤密桩复合地基检验批质量验收记录表

GB 50202—2002

010310□□□

<table>
<tr><td colspan="3">单位(子单位)工程名称</td><td colspan="3"></td></tr>
<tr><td colspan="3">分部(子分部)工程名称</td><td colspan="2"></td><td>验收部位</td><td></td></tr>
<tr><td>施工单位</td><td colspan="3"></td><td>项目经理</td><td></td></tr>
<tr><td>分包单位</td><td colspan="3"></td><td>分包项目经理</td><td></td></tr>
<tr><td colspan="3">施工执行标准名称及编号</td><td colspan="3"></td></tr>
<tr><td colspan="4">施工质量验收规范的规定</td><td>施工单位检查评定记录</td><td>监理(建设)单位验收记录</td></tr>
<tr><td rowspan="3">主控项目</td><td>1</td><td>桩体及桩间土干密度</td><td>设计要求</td><td></td><td rowspan="8"></td></tr>
<tr><td>2</td><td>桩长(mm)</td><td>+500</td><td></td></tr>
<tr><td>3</td><td>地基承载力</td><td>设计要求</td><td></td></tr>
<tr><td rowspan="5">一般项目</td><td>1</td><td>土料有机质含量(%)</td><td>≤5</td><td></td></tr>
<tr><td>2</td><td>石灰粒径(mm)</td><td>≤5</td><td></td></tr>
<tr><td>3</td><td>桩位偏差</td><td>满堂布桩≤0.40D
条基布桩≤0.25D</td><td></td></tr>
<tr><td>4</td><td>垂直度(%)</td><td>≤1.5</td><td></td></tr>
<tr><td>5</td><td>桩径(mm)</td><td>−20</td><td></td></tr>
<tr><td colspan="3" rowspan="2">施工单位检查评定结果</td><td>专业工长(施工员)</td><td></td><td>施工班组长</td></tr>
<tr><td colspan="3">项目专业质量检查员： 年 月 日</td></tr>
<tr><td colspan="3">监理(建设)单位验收结论</td><td colspan="3">专业监理工程师：
(建设单位项目专业技术负责人)：
年 月 日</td></tr>
</table>

说　明

010310

主控项目：

1．桩体及桩间土干密度。取样试验，干密度达到设计要求。检查试验报告。

2．桩长。+500mm。尺量检查。测桩管长度或垂球测孔深。

3．地基承载力。由设计提出要求，在施工结束后，一定时间后进行灰土地基的承载力检验。其检验方法也因各地设计单位的习惯、经验等不同，选用标贯、静力触探及十字板剪切强度或承载力检验等方法。按设计指定方法检验。基结果必须达到设计要求的标准。

每个单位工程不少于 3 点。1000m^2 以上，每 100m^2 抽查 1 点；3000m^2 以上，每 300m^2 抽查 1 点；独立柱每柱 1 点，基槽每 20 延长米 1 点。

一般项目：

1．土料有机质含量。≤5%。取样焙烧法试验。检查试验报告。

2．石灰粒径。≤5mm。施工前过筛。做好记录。

3．桩位偏差。满堂布桩≤ $0.40D$。尺量检查。根据桩位放线检查。

条基布桩≤$0.25D$。尺量检查。根据桩位放线检查。

4．垂直度≤1.5%。用经纬仪桩管。控制在1.5%以内，做好记录。

施工前检查土及灰土的质量、桩孔放样位置等。施工中检查桩孔直径、桩孔深度、夯击次数、填料的含水量等。施工结束后检验成桩的质量及地基承载力。

检查后形成施工记录或检验报告。

检查施工记录和检验报告。

注浆地基检验批质量验收记录表

GB 50202—2002

010311□□□

<table>
<tr><td colspan="4">单位(子单位)工程名称</td><td colspan="3"></td></tr>
<tr><td colspan="4">分部(子分部)工程名称</td><td></td><td>验收部位</td><td></td></tr>
<tr><td colspan="2">施工单位</td><td colspan="3"></td><td>项目经理</td><td></td></tr>
<tr><td colspan="2">分包单位</td><td colspan="3"></td><td>分包项目经理</td><td></td></tr>
<tr><td colspan="4">施工执行标准名称及编号</td><td colspan="3"></td></tr>
<tr><td colspan="5">施工质量验收规范的规定</td><td>施工单位检查评定记录</td><td>监理(建设)单位验收记录</td></tr>
<tr><td rowspan="9">主控项目</td><td rowspan="7">1</td><td rowspan="7">原材料检验</td><td>水泥</td><td>设计要求</td><td></td><td></td></tr>
<tr><td>注浆用砂:
粒径(mm)
细度模数
含泥量及有机物含量(%)</td><td>
<2.5
<2.0
<3</td><td></td><td></td></tr>
<tr><td>注浆用粘土:塑性指数
粘料含量(%)
含砂量(%)
有机物含量(%)</td><td>>14
>25
>5
>3</td><td></td><td></td></tr>
<tr><td>粉煤灰:细度
烧失量(%)</td><td>不粗于同时使用的水泥<3</td><td></td><td></td></tr>
<tr><td>水玻璃:模数</td><td>2.5~3.3</td><td></td><td></td></tr>
<tr><td>其他化学浆液</td><td>设计要求</td><td></td><td></td></tr>
<tr><td colspan="4" style="display:none"></td></tr>
<tr><td>2</td><td colspan="2">注浆体强度</td><td>设计要求</td><td></td><td></td></tr>
<tr><td>3</td><td colspan="2">地基承载力</td><td>设计要求</td><td></td><td></td></tr>
<tr><td rowspan="4">一般项目</td><td>1</td><td colspan="2">各种注浆材料称量误差(%)</td><td><3</td><td></td><td></td></tr>
<tr><td>2</td><td colspan="2">注浆孔位(mm)</td><td>±20</td><td></td><td></td></tr>
<tr><td>3</td><td colspan="2">注浆孔深(mm)</td><td>±100</td><td></td><td></td></tr>
<tr><td>4</td><td colspan="2">注浆压力(与设计参数比)(%)</td><td>±10</td><td></td><td></td></tr>
</table>

续表

施工单位检查评定结果	专业工长(施工员)		施工班组长	
	项目专业质量检查员：　年　月　日			
监理(建设)单位验收结论	专业监理工程师： (建设单位项目专业技术负责人)： 年　月　日			

说　明

010311

主控项目：

1-1 水泥。符合设计要求。检查产品合格证或检验报告。

1-2 注浆用砂。粒径＜2.5mm。检查试验报告。

细度模数＜2.0。检查试验报告。

含泥量及有机物含量＜3%。检查试验报告。

1-3 注浆用粘土。塑性指数＞14

粘粒含量＞25%

含砂量＜5%

有机物含量＜3%。检查试验报告。

1-4 粉煤灰。细度。不粗于同时使用的水泥。

烧失量。＜3%。检查试验报告。

1-5 水玻璃模数。2.5～3.3。检查试验报告。

1-6 其他化学浆液。符合设计要求。检查试验报告。

2. 注浆体强度。符合设计要求。检查试验报告。

3. 地基承载力。由设计提出要求，在施工结束后，一定时间后进行灰土地基的承载力检验。其检验方法也因各地设计单位的习惯、经验等不同,选用标贯、静力触探及十字板剪切强度或承载力检验等方法。按设计指定方法检验。其结果必须达到设计要求的标准。

每个单位工程不少于 3 点。1000m² 以上,每 100m² 抽查 1 点;3000m² 以上,每 300m² 抽查 1 点;独立柱每柱 1 点,基槽每 20 延长米 1 点。

注浆后 15d(砂土、黄土)或 60d(粘性土)检验。检查孔数总量的 2%～5%。不合格率＜20%,否则应进行二次注浆。

一般项目:

1. 各种注浆材料称量误差。＜3%。检查称量记录及抽样检查。

2. 注浆孔位。±20mm。尺量检查。

3. 注浆孔深。≤100mm。尺量检查注浆管的长度。

4. 注浆压力(与设计参数比)±10%。检查压力表数据。

施工前检查注浆点位置、浆液配比、注浆技术参数、材料质量及注浆设备状况。施工中,注浆点位置、浆液配比、注浆技术性能、注浆顺序、压力控制等技术参数、检测要求、材料性能、注浆设备的正常运转等。施工结束对注浆体强度、承载能力等进行检测。

检查后形成施工记录或检验报告。

检查施工记录和检验报告。

水泥粉煤灰碎石桩复合地基工程检验批质量验收记录表

GB 50202—2002

010312□□□

<table>
<tr><td colspan="4">单位(子单位)工程名称</td><td colspan="3"></td></tr>
<tr><td colspan="4">分部(子分部)工程名称</td><td></td><td>验收部位</td><td></td></tr>
<tr><td colspan="2">施工单位</td><td colspan="3"></td><td>项目经理</td><td></td></tr>
<tr><td colspan="2">分包单位</td><td colspan="3"></td><td>分包项目经理</td><td></td></tr>
<tr><td colspan="4">施工执行标准名称及编号</td><td colspan="3"></td></tr>
<tr><td colspan="4">施工质量验收规范的规定</td><td>施工单位检查评定记录</td><td colspan="2">监理(建设)单位验收记录</td></tr>
<tr><td rowspan="4">主控项目</td><td>1</td><td>原材料</td><td>设计要求</td><td></td><td colspan="2" rowspan="4"></td></tr>
<tr><td>2</td><td>桩径(mm)</td><td>−20</td><td></td></tr>
<tr><td>3</td><td>桩身强度</td><td>设计要求</td><td></td></tr>
<tr><td>4</td><td>地基承载力</td><td>设计要求</td><td></td></tr>
<tr><td rowspan="5">一般项目</td><td>1</td><td>桩身完整性</td><td>按桩基检测技术规范</td><td></td><td colspan="2" rowspan="5"></td></tr>
<tr><td>2</td><td>桩位偏差</td><td>满堂布桩≤0.40D
条基布桩≤0.25D</td><td></td></tr>
<tr><td>3</td><td>桩垂直度(%)</td><td>≤1.5</td><td></td></tr>
<tr><td>4</td><td>桩长(mm)</td><td>+100</td><td></td></tr>
<tr><td>5</td><td>褥垫层夯填度</td><td>≤0.9</td><td></td></tr>
<tr><td colspan="3" rowspan="2">施工单位检查评定结果</td><td>专业工长(施工员)</td><td></td><td>施工班组长</td><td></td></tr>
<tr><td colspan="4">
项目专业质量检查员：　年　月　日</td></tr>
<tr><td colspan="3">监理(建设)单位验收结论</td><td colspan="4">专业监理工程师：
(建设单位项目专业技术负责人)：
年　月　日</td></tr>
</table>

说　明

010312

主控项目：

1. 原材料质量。检查产品合格证或试验报告。符合设计要求。

2. 桩径。-20mm。质量检查或计算填充料量。-20mm是指个别断面。

3. 桩身强度。检查28d试块强度，符合设计要求。

4. 地基承载力。由设计提出要求，在施工结束后，一定时间后进行灰土地基的承载力检验。其检验方法也因各地设计单位的习惯、经验等不同，选用标贯、静力触探及十字板剪切强度或承载力检验等方法。按设计指定方法检验。其结果必须达到设计要求的标准。

每个单位工程不少于3点。1000m^2以上，每100m^2抽查1点；3000m^2以上，每300m^2抽查1点；独立柱每柱1点，基槽每20延长米1点。

一般项目：

1. 桩身完整性。按桩基检测技术规范，判定桩身完整情况。

2. 桩位偏差，满堂布桩≤0.40D。尺量检查，根据桩位放线检查。

条基布桩≤0.25D。尺量检查，根据桩位放线检查。

3. 桩垂直度。≤1.5%。用经纬仪测桩管垂直度。

4. 桩长。+100mm。用尺量测桩管长度或垂球测孔深。

5. 褥垫层夯实度。≤0.9。将虚铺垫层厚度夯成0.9的厚度（即虚厚与夯实后厚之比）。

施工前检查水泥、粉煤灰、砂及碎石等原材料。施工中检查桩身混合料的配合比、坍落度和提拔钻杆速度、成孔深度、混合料灌入量。施工结束后,检查桩顶标高、桩位、桩体质量、地基承载力以及褥垫层质量。

检查后形成施工记录或检验报告。

检查施工记录和检验报告。

水泥土搅拌桩地基工程检验批质量验收记录表

GB 50202—2002

010313□□□

<table>
<tr><td colspan="4">单位(子单位)工程名称</td><td colspan="3"></td></tr>
<tr><td colspan="4">分部(子分部)工程名称</td><td colspan="1"></td><td>验收部位</td><td></td></tr>
<tr><td colspan="1">施工单位</td><td colspan="4"></td><td>项目经理</td><td></td></tr>
<tr><td colspan="1">分包单位</td><td colspan="4"></td><td>分包项目经理</td><td></td></tr>
<tr><td colspan="4">施工执行标准名称及编号</td><td colspan="3"></td></tr>
<tr><td colspan="5">施工质量验收规范的规定</td><td>施工单位检查评定记录</td><td>监理(建设)单位验收记录</td></tr>
<tr><td rowspan="4">主控项目</td><td>1</td><td>水泥及外掺剂质量</td><td colspan="2">设计要求</td><td></td><td rowspan="4"></td></tr>
<tr><td>2</td><td>水泥用量</td><td colspan="2">参数指标</td><td></td></tr>
<tr><td>3</td><td>桩体强度</td><td colspan="2">设计要求</td><td></td></tr>
<tr><td>4</td><td>地基承载力</td><td colspan="2">设计要求</td><td></td></tr>
<tr><td rowspan="7">一般项目</td><td>1</td><td>机头提升速度(m/min)</td><td colspan="2">≤0.5</td><td></td><td rowspan="7"></td></tr>
<tr><td>2</td><td>桩底标高(mm)</td><td colspan="2">±200</td><td></td></tr>
<tr><td>3</td><td>桩顶标高(mm)</td><td colspan="2">+100，-50</td><td></td></tr>
<tr><td>4</td><td>桩位偏差(mm)</td><td colspan="2"><50</td><td></td></tr>
<tr><td>5</td><td>桩径</td><td colspan="2"><0.4D</td><td></td></tr>
<tr><td>6</td><td>垂直度(%)</td><td colspan="2">≤1.5</td><td></td></tr>
<tr><td>7</td><td>搭接(mm)</td><td colspan="2">>200</td><td></td></tr>
<tr><td colspan="3" rowspan="2">施工单位检查评定结果</td><td>专业工长(施工员)</td><td></td><td>施工班组长</td><td></td></tr>
<tr><td colspan="4">项目专业质量检查员： 年 月 日</td></tr>
<tr><td colspan="3">监理(建设)单位验收结论</td><td colspan="4">专业监理工程师：
(建设单位项目专业技术负责人)：
年 月 日</td></tr>
</table>

说　明

010313

主控项目:

1．水泥及外掺剂质量。按设计要求选用,并按规定进行检测试验。检查产品合格证及试验报告。

2．水泥用量。符合设计要求。检查水灰比及查看流量表。

3．桩体强度。按设计要求进行检查。

4．地基承载力。由设计提出要求,在施工结束后,一定时间后进行灰土地基的承载力检验。其检验方法也因各地设计单位的习惯、经验等不同,选用标贯、静力触探及十字板剪切强度或承载力检验等方法。按设计指定方法检验。其结果必须达到设计要求的标准。

每个单位工程不少于3点。1000m^2以上,每100m^2抽查1点;3000m^2以上,每300m^2抽查1点;独立柱每柱1点,基槽每20延长米1点。

一般项目:

1．机头提升速度。≤0.5m/min。量机头上升距离及时间。

2．桩底标高。±200mm。量测机头深度计算。

3．桩顶标高。+100mm,-50mm。水准仪检查(最上部500mm不计入)。

4．桩位偏差。<50mm。尺量检查,根据设计桩位点位置。

5．桩径。<0.4D。尺量检查,桩的直径。

6．垂直度。≤1.5%。用经纬仪检查。

7．搭接。>200mm,尺量检查。

施工前检查水泥及外掺剂的质量、桩位、搅拌机工作性能及各种计量设备完好程度。施工中检查机头提升速度、水泥浆或水泥注入量、搅拌桩的长度及标高。施工结束后检查桩体强度,桩体直径及地基承载力。强度检查承重桩取 90d 后的试件。支护桩取 28d 后的试件。

检查后形成施工记录或检验报告。

检查施工记录和检验报告。

夯实水泥土桩复合地基工程检验批质量验收记录表
GB 50202—2002

010317□□□

<table>
<tr><td colspan="3">单位(子单位)工程名称</td><td colspan="4"></td></tr>
<tr><td colspan="3">分部(子分部)工程名称</td><td colspan="2"></td><td>验收部位</td><td></td></tr>
<tr><td>施工单位</td><td colspan="4"></td><td>项目经理</td><td></td></tr>
<tr><td>分包单位</td><td colspan="4"></td><td>分包项目经理</td><td></td></tr>
<tr><td colspan="3">施工执行标准名称及编号</td><td colspan="4"></td></tr>
<tr><td colspan="4">施工质量验收规范的规定</td><td>施工单位检查评定记录</td><td colspan="2">监理(建设)单位验收记　录</td></tr>
<tr><td rowspan="4">主控项目</td><td>1</td><td>桩径(mm)</td><td>−20</td><td rowspan="4"></td><td colspan="2" rowspan="4"></td></tr>
<tr><td>2</td><td>桩长(mm)</td><td>+500</td></tr>
<tr><td>3</td><td>桩体干密度</td><td>设计要求</td></tr>
<tr><td>4</td><td>地基承载力</td><td>设计要求</td></tr>
<tr><td rowspan="7">一般项目</td><td>1</td><td>土料有机质含量(%)</td><td>≤5</td><td rowspan="7"></td><td colspan="2" rowspan="7"></td></tr>
<tr><td>2</td><td>含水量(与最优含水量比)(%)</td><td>±2</td></tr>
<tr><td>3</td><td>土料粒径(mm)</td><td>≤20</td></tr>
<tr><td>4</td><td>水泥质量</td><td>设计要求</td></tr>
<tr><td>5</td><td>桩位偏差</td><td>满堂布桩≤0.40D
条基布桩≤0.25D</td></tr>
<tr><td>6</td><td>桩孔垂直度(%)</td><td>≤1.5</td></tr>
<tr><td>7</td><td>褥垫层夯实厚度</td><td>≤0.9</td></tr>
<tr><td colspan="3" rowspan="2">施工单位检查评定结果</td><td>专业工长(施工员)</td><td></td><td>施工班组长</td><td></td></tr>
<tr><td colspan="4">项目专业质量检查员：　年　月　日</td></tr>
<tr><td colspan="3">监理(建设)单位验收结论</td><td colspan="4">专业监理工程师：
(建设单位项目专业技术负责人)：
年　月　日</td></tr>
</table>

说　明

010317

主控项目：

1．桩径。－20mm。尺量检查。－20mm是个别断面。

2．桩长。＋500mm。测桩孔深度。尺量检查。

3．桩体干密度。取样试验，结果符合设计要求。

4．地基承载力。由设计提出要求，在施工结束后，一定时间后进行灰土地基的承载力检验。其检验方法也因各地设计单位的习惯、经验等不同，选用标贯、静力触探及十字板剪切强度或承载力检验等方法。按设计指定方法检验。其结果必须达到设计要求的标准。

每个单位工程不少于3点。1000m^2以上，每100m^2抽查1点；3000m^2以上，每300m^2抽查1点；独立柱每柱1点，基槽每20延长米1点。

一般项目：

1．土料有机质含量。≤50％。取样，用焙烧法试验。检查试验报告。

2．含水量。与最优含水量比±2％。取样用烘干法试验。检查试验报告。

3．土料粒径。≤20mm。施工前过筛。做好记录。

4．水泥质量。检查产品合格证和抽样试验报告，符合设计要求。

5．桩位偏差。满堂布桩≤0.40D。尺量检查。根据桩位放线检查。

条基布桩≤0.25D。尺量检查。根据桩位放线检查。

6．桩孔垂直度。≤1.5。用经纬仪测桩管垂直度。

7．褥垫层夯实厚度。≤0.9。尺量检查。虚铺厚度和夯后厚度比值。

施工前检查水泥及夯实用土料的质量。施工中检查孔位、孔深、孔径、水泥和土的配比、混合料含水量。施工结束后,检查桩体量及复合地基承载力做检验,褥垫层夯填度。

检查后形成施工记录或检验报告。

检查施工记录和检验报告。

静力压桩工程检验批质量验收记录表
GB 50202—2002

010401□□□

<table>
<tr><td colspan="4">单位(子单位)工程名称</td><td colspan="4"></td></tr>
<tr><td colspan="4">分部(子分部)工程名称</td><td colspan="2"></td><td>验收部位</td><td></td></tr>
<tr><td colspan="2">施工单位</td><td colspan="4"></td><td>项目经理</td><td></td></tr>
<tr><td colspan="2">分包单位</td><td colspan="4"></td><td>分包项目经理</td><td></td></tr>
<tr><td colspan="4">施工执行标准名称及编号</td><td colspan="4"></td></tr>
<tr><td colspan="6">施工质量验收规范的规定</td><td>施工单位检查评定记录</td><td>监理(建设)单位验收记录</td></tr>
<tr><td rowspan="3">主控项目</td><td>1</td><td colspan="2">桩体质量检验</td><td colspan="2">按基桩检测技术规范</td><td></td><td></td></tr>
<tr><td>2</td><td colspan="2">桩位偏差</td><td colspan="2">见本规范表 5.1.3</td><td></td><td></td></tr>
<tr><td>3</td><td colspan="2">承载力</td><td colspan="2">按基桩检测技术规范</td><td></td><td></td></tr>
<tr><td rowspan="10">一般项目</td><td>1</td><td colspan="2">成品桩质量:外观
外形尺寸
强度</td><td colspan="2">表面平整,颜色均匀,掉角深度<10mm,蜂窝面积小于总面积 0.5%
见本规范表 5.4.5 满足设计要求</td><td></td><td></td></tr>
<tr><td>2</td><td colspan="2">硫磺胶泥质量(半成品)</td><td colspan="2">设计要求</td><td></td><td></td></tr>
<tr><td rowspan="3">3</td><td rowspan="3">接桩</td><td>电焊接桩:焊缝质量</td><td colspan="2">见本规范表 5.5.4-2</td><td></td><td></td></tr>
<tr><td>电焊结束后停歇时间</td><td>(min)</td><td>>1.0</td><td></td><td></td></tr>
<tr><td>硫磺胶泥接桩:
胶泥浇注时间
浇注后停歇时间</td><td>(min)
(min)</td><td><2
>7</td><td></td><td></td></tr>
<tr><td>4</td><td colspan="2">电焊条质量</td><td colspan="2">设计要求</td><td></td><td></td></tr>
<tr><td>5</td><td colspan="2">压桩压力(设计有要求时)</td><td>%</td><td>±5</td><td></td><td></td></tr>
<tr><td>6</td><td colspan="2">接桩时上下节平面偏差接桩时节点弯曲矢高</td><td>(mm)</td><td><10
<1/1000L</td><td></td><td></td></tr>
<tr><td>7</td><td colspan="2">桩顶标高</td><td>(mm)</td><td>±50</td><td></td><td></td></tr>
</table>

续表

<table>
<tr><td rowspan="2">施工单位检查评定结果</td><td>专业工长(施工员)</td><td></td><td>施工班组长</td><td></td></tr>
<tr><td colspan="4">项目专业质量检查员：　　　　年　月　日</td></tr>
<tr><td>监理(建设)单位验收结论</td><td colspan="4">专业监理工程师：
(建设单位项目专业技术负责人)：
年　月　日</td></tr>
</table>

说　明

010401

静力压桩包括锚杆静压桩及其他各种非冲击沉桩

主控项目：

1. 桩体质量检验。包括完整性、裂缝、断桩等。对设计甲级或地质条件复杂、抽检数量不少于总数的30%，且不少于20根。其他桩底不少于总数20%。且不少于10根。对预制桩及地下水位以上的桩，检查总数的10%，且不少于10根，每个柱子承台下不少于1根。

2. 桩位偏移。项目如下表，尺量检查，根据桩位放线检查。

序号	项目	允许偏差
1	盖有基础梁的桩： (1) 垂直基础梁的中心线 (2) 沿基础梁的中心线	 $100+0.01H$ $150+0.01H$
2	桩数为1～3根桩基中的桩	100
3	桩数为4～16根桩基中的桩	1/2桩径或边长
4	桩数大于16根桩基中的柱： (1) 最外边的桩 (2) 中间桩	 1/3桩径或边长 1/2桩径或边长

3. 承载力。设计等级为甲级或地质条件复杂,成桩质量可靠性低的灌注桩,应采用静载荷试验。数量不少于总桩数1%,且不少于3根。总桩数少于50根时,为2根。其他桩应用高应变动力检测。对地质条件、桩型,成桩机具和工艺相同、同一单位施工的桩基。检验桩数不少于总桩数的2%,且不少于5根。静载荷试验,高应变动力检测方法。检查检测报告。

一般项目:

1. 成品质量:外观,表面平整、掉角深度<10mm、蜂窝面积0.5%,观察检查。

外形尺寸桩横截面边长±5mm,桩顶对角线差<10mm;桩尖中心线<10mm。桩身弯曲矢高<1/1000L。尺量检查。桩顶平整度<2mm,水平尺检查,强度满足设计要求、混凝土试块28d强度。检查试验报告。

2. 硫磺胶泥质量:符合设计要求。检查产品合格证或抽样检验报告。

3. 接桩,电焊接桩;焊缝质量。按钢桩电焊接桩焊缝检查。焊后停歇时间>1min。

硫磺胶泥接桩,胶泥浇注时间<2min;浇后停歇时间>7min,秒表检查。

4. 电焊条质量,符合设计要求,检查产品合格证。

5. 压桩压力。±5%与设计要求比,检查压力表读数或施工记录。

6. 接桩上下节平面偏差<10mm。尺量检查。

接桩节点弯曲矢高<1/1000L。拉线和尺量检查。

7. 桩顶标高。±50mm。用水准仪检查。

施工前检查成品桩外观及强度、接桩用焊条或半成品硫磺胶泥、压桩用压力表、锚杆规格及质量。硫磺胶泥半成品应每100kg做一组试件(3件)。压桩过程中检查压力、桩垂直度、接桩间歇时间、桩的连接质量及压入深度。重要工程应对电焊接桩的接头做10%的探伤检查。对承受反力的结构应加强观测。施工结束后检查承载力及桩体质量。

检查后形成施工记录或检验报告。

检查施工记录和检验报告。

预应力管桩工程检验批质量验收记录表

GB 50202—2002

010402□□□

单位(子单位)工程名称				
分部(子分部)工程名称			验收部位	
施工单位			项目经理	
分包单位			分包项目经理	
施工执行标准名称及编号				

		施工质量验收规范的规定			施工单位检查评定记录	监理(建设)单位验收记录
主控项目	1	桩体质量检验		设计要求		
	2	桩位偏差		第5.1.3条		
	3	承载力		设计要求		
一般项目	1	成品桩质量	外观	无蜂窝、露筋、裂缝、色感均匀、桩顶处无孔隙		
			桩径(mm) 管壁厚度(mm) 桩尖中心线(mm) 顶面平整度(mm) 桩体弯曲	±5 ±5 <2 10 <1/1000L		
	2	接桩:焊缝质量 电焊结束后 停歇时间(min) 上下节平面偏差(min) 节点弯典矢高		第5.5.4-2条 >1.0 <10 <1/1000L		
	3	停锤标准		设计要求		
	4	桩顶标高(mm)		±50		

施工单位检查评定结果	专业工长(施工员)		施工班组长	
	项目专业质量检查员: 年 月 日			
监理(建设)单位验收结论	专业监理工程师: (建设单位项目专业技术负责人): 年 月 日			

说　明

010402

主控项目

1. 桩体质量检验。包括完整性、裂缝、断桩等。对设计甲级或地质条件复杂、抽检数量不少于总数的 30%,且不少于 20 根。其他桩底不少于总数 20%。且不少于 10 根。对预制桩及地下水位以上的桩,检查总数的 10%,且不少于 10 根,每个柱子承台下不少于 1 根。

2. 桩位偏移。项目如下表,尺量检查,根据桩位放线检查。

序　号	项　　目	允许偏差
1	盖有基础梁的桩: (1) 垂直基础梁的中心线 (2) 沿基础梁的中心线	100 + 0.01*H* 150 + 0.01*H*
2	桩数为 1～3 根桩基中的桩	100
3	桩数为 4～16 根桩基中的桩	1/2 桩径或边长
4	桩数大于 16 的根桩基中的柱: (1) 最外边的桩 (2) 中间桩	1/3 桩径或边长 1/2 桩径或边长

3. 承载力。设计等级为甲级或地质条件复杂,成桩质量可靠性低的灌注桩,应采用静载荷试验。数量不少于总桩数 1%,且不少于 3 根。总桩数少于 50 根时,为 2 根。其他桩应用高应变动力检测。对地质条件、桩型,成桩机具和工艺相同、同一单位施工的桩基。检验桩数不少于总桩数的 2%,且不少于 5 根。静载荷试验,高应变动力检测方法。检查检测报告。

一般项目:

1. 成品桩质量:外观:无蜂窝、露筋、裂缝、色感均匀,桩顶处无孔隙。观察检查。

桩径 ± 5mm,管壁厚度 ± 5mm;桩尖中心线<

2mm，用尺量检查。

桩顶平面度 10mm。用水平尺检查。

桩体弯曲<1/1000L。用拉线及尺量检查。

2. 接桩，焊缝质量，按钢桩焊接接桩检查。

电焊后停歇时间>1.0min。用秒表测定。

上下节平面偏差<10mm。用尺量检查。

节点弯曲矢高<1/1000L。拉线和尺量检查。

3. 停锤标准。符合设计要求。现场实测或检查沉桩记录。

4. 桩顶标高。±50mm。用水准仪检查。

施工前检查成品桩，接桩用电焊条质量。施工中检查桩的贯入情况、桩顶完整状况、电焊接桩质量、桩体垂直度、电焊后的停歇时间。重要工程应对电焊接头做 10% 焊缝探伤检查。施工结束后做承载力检验及桩体质量检验。

检查后形成施工记录或检验报告。

检查施工记录和检验报告。

混凝土预制桩(钢筋骨架)工程检验批质量验收记录表

GB 50202—2002

(Ⅰ) 010403□□□

<table>
<tr><td colspan="3">单位(子单位)工程名称</td><td colspan="4"></td></tr>
<tr><td colspan="3">分部(子分部)工程名称</td><td colspan="2"></td><td>验收部位</td><td></td></tr>
<tr><td>施工单位</td><td colspan="4"></td><td>项目经理</td><td></td></tr>
<tr><td>分包单位</td><td colspan="4"></td><td>分包项目经理</td><td></td></tr>
<tr><td colspan="3">施工执行标准名称及编号</td><td colspan="4"></td></tr>
<tr><td colspan="4">施工质量验收规范的规定</td><td colspan="2">施工单位检查评定记录</td><td>监理(建设)单位验收记录</td></tr>
<tr><td rowspan="4">主控项目</td><td>1</td><td>主筋距桩顶距离(mm)</td><td>±5</td><td colspan="2"></td><td rowspan="9"></td></tr>
<tr><td>2</td><td>多节桩锚固钢筋位置(mm)</td><td>5</td><td colspan="2"></td></tr>
<tr><td>3</td><td>多节桩预埋铁件(mm)</td><td>±3</td><td colspan="2"></td></tr>
<tr><td>4</td><td>主筋保护层厚度(mm)</td><td>±5</td><td colspan="2"></td></tr>
<tr><td rowspan="5">一般项目</td><td>1</td><td>主筋间距(mm)</td><td>±5</td><td colspan="2"></td></tr>
<tr><td>2</td><td>桩尖中心线(mm)</td><td>10</td><td colspan="2"></td></tr>
<tr><td>3</td><td>箍筋间距(mn)</td><td>±20</td><td colspan="2"></td></tr>
<tr><td>4</td><td>桩顶钢筋网片</td><td>±10</td><td colspan="2"></td></tr>
<tr><td>5</td><td>多节桩锚固钢筋长度(mm)</td><td>±10</td><td colspan="2"></td></tr>
<tr><td colspan="3" rowspan="2">施工单位检查评定结果</td><td>专业工长(施工员)</td><td></td><td>施工班组长</td><td></td></tr>
<tr><td colspan="4">项目专业质量检查员: 年 月 日</td></tr>
<tr><td colspan="3">监理(建设)单位验收结论</td><td colspan="4">专业监理工程师:
(建设单位项目专业技术负责人):
年 月 日</td></tr>
</table>

说 明

010403

本检验批为混凝土预制桩“钢筋骨架”部分的验收内容。预制过程的控制。辅助检验批。

主控项目:

1. 主筋距桩顶距离。±5mm。尺量检查。

2. 多节桩锚固钢筋位置。5mm。尺量检查。

3. 多节桩预埋铁件。±3mm。尺量检查。

4. 主筋保护层厚度。±5mm。尺量检查。

一般项目:

1. 主筋间距。±5mm。尺量检查。

2. 桩尖中心线。10mm。尺量检查。

3. 箍筋间距。±20mm。尺量检查。

4. 桩顶钢筋网片。±10mm。尺量检查。

5. 多节桩锚固钢筋长度±10mm。尺量检查。

本检验批是施工过程的质量控制,不符合要求时进行调整,符合要求再进行下道工序。

混凝土预制桩工程检验批质量验收记录表
GB 50202—2002
（Ⅱ）

010403□□□

单位(子单位)工程名称			
分部(子分部)工程名称		验收部位	
施工单位		项目经理	
分包单位		分包项目经理	
施工执行标准名称及编号			

		施工质量验收规范的规定		施工单位检查评定记录	监理(建设)单位验收记录
主控项目	1	桩体质量检验	设计要求		
	2	桩位偏差	第5.1.3条		
	3	承载力	设计要求		
一般项目	1	砂、石、水泥、钢材等材料(现场预制时)	设计要求		
	2	混凝土配合比及强度(现场预制时)	设计要求		
	3	成品桩外形	表面平整，颜色均匀，掉角深度<10mm，蜂窝面积小于总面积0.5%		
	4	成品桩裂缝(收缩裂缝或起吊、装运、堆放引起的裂缝)	深度<20mm，宽度<0.25mm，横向裂缝不超过边长的一半		
	5	成品桩尺寸: 横截面边长(mm) 桩顶对角线差(mm) 桩尖中心线(mm) 桩身弯曲矢高 桩顶平整度(mm)	 ±5 <10 <10 <1/1000L <2		
	6	电焊接桩:焊缝质量	第5.5.4-2条		
		电焊结束后 停歇时间(min) 上下节平面偏差 节点弯曲矢高(min)	 >1.0 <10 <1/1000L		
	7	硫磺胶泥接桩: 胶泥浇注时间(min) 浇注停歇时间(min)	 <2 >7		
	8	桩顶标高(mm)	±50		
	9	停锤标准	设计要求		

续表

<table>
<tr><td rowspan="2">施工单位检查评定结果</td><td>专业工长(施工员)</td><td></td><td>施工班组长</td><td></td></tr>
<tr><td colspan="4">项目专业质量检查员：　　年　月　日</td></tr>
<tr><td>监理(建设)单位验收结论</td><td colspan="4">专业管理工程师：
(建设单位项目专业技术负责人)：
年　月　日</td></tr>
</table>

说　明

010403

主控项目：

1. 桩体质量检验。包括桩完整性、裂缝、断桩等。对设计甲级或地质条件复杂，抽检数量不少于总桩数的 30%，且不少于 20 根；其他桩应不少于 20%，且不少于 10 根。对预制桩及地下水位以上的桩，检查总数量 10%，且不少于 10 根。每个柱子承台不少于 1 根。

2. 桩位偏差。项目如下表，尺量检查，根据桩位放线检查。

序　号	项　目	允许偏差
1	盖有基础梁的桩： (1) 垂直基础梁的中心线 (2) 沿基础梁的中心线	 $100+0.01H$ $150+0.01H$
2	桩数为 1～3 根桩基中的桩	100
3	桩数为 4～16 根桩基中的桩	1/2 桩径或边长
4	桩数大于 16 根桩基中的桩： (1) 最外边的桩 (2) 中间桩	 1/3 桩径或边长 1/2 桩径或边长

3．承载力。设计等级为甲级或地质条件复杂，成桩质量可靠性低的灌注桩，应采用静载荷试验。数量不少于总桩数1%，且不少于3根。总桩数少于50根时，为2根。其他桩应用高应变动力检测。对地质条件、桩型，成桩机具和工艺相同、同一单位施工的桩基。检验桩数不少于总桩数的2%，且不少于5根。静载荷试验，高应变动力检测方法。检查检测报告。

一般项目：

1．砂、石、水泥、钢材等材料质量(现场预制时才检查)。符合设计要求。检查产品合格证及试验报告。

2．混凝土配合比强度(现场预制时才检查)。通过试验的配合比单配制的计量记录。按规定留置试块，28d强度符合设计要求。检查配合比单、计量记录、试验报告。

3．成品桩外形。表面平整、掉角深度＜10mm、蜂窝面积小于总面积0.5%，颜色均匀。观察检查。

4．成品桩裂缝(收缩或起吊、运输、堆放引起的裂缝)。深度＜20mm，宽度＜0.25，横向裂缝不超过边长的一半。用裂缝测定仪测量。此项地下水侵蚀地区，锤击数超过500击的长桩不适用。检查测定记录。

5．成品桩尺寸。横断面边长±5mm；桩顶对角线差＜10mm；桩尖中心线＜10mm；桩身弯曲矢高＜1/1000L。用尺量检查。桩顶平整度＜2mm，用水平尺检查。

6．电焊接桩。检查焊缝质量。按钢桩中焊接桩焊缝检查。

焊后停歇时间＞1min。秒表测定。

上下节平面偏差＜10mm。尺量检查。

节点弯曲矢高＜1/1000L。尺量检查。

7．硫磺胶泥接桩。胶泥浇注时间＜2min，秒表测定。

浇注后停歇时间＞7min，秒表测定。

8．桩顶标高。±50mm。水准仪测定。

9．停锤标准。符合设计要求，现场实测或检查沉桩记录。

桩在现场预制时，检查原材料、钢筋骨架(见表5.4.1)、混凝土强度;采用预制桩,检查桩的外观及尺寸。对长桩和总锤击数超过 500 击的桩。对其强度和邻期进行双控制。

施工中桩体垂直度、沉桩情况、桩顶完整状况、接桩质量等进行检查,对电焊接桩,重要工程应做 10% 的焊缝探伤检查。施工结束后做承载力体质量检验。

检查后形成施工记录和检验报告。

检查施工记录和检验报告。

钢桩(成品)工程检验批质量验收记录表

GB 50202—2002

(Ⅰ) 010404□□□

<table>
<tr><td colspan="3">单位(子单位)工程名称</td><td colspan="4"></td></tr>
<tr><td colspan="3">分部(子分部)工程名称</td><td colspan="2"></td><td>验收部位</td><td></td></tr>
<tr><td>施工单位</td><td colspan="4"></td><td>项目经理</td><td></td></tr>
<tr><td>分包单位</td><td colspan="4"></td><td>分包项目经理</td><td></td></tr>
<tr><td colspan="3">施工执行标准名称及编号</td><td colspan="4"></td></tr>
<tr><td colspan="4">施工质量验收规范的规定</td><td>施工单位检查评定记录</td><td colspan="2">监理(建设)单位验收记录</td></tr>
<tr><td rowspan="2">主控项目</td><td>1</td><td>钢桩外径或断面尺寸:桩端
桩身</td><td>±0.5%D
±1D</td><td></td><td colspan="2"></td></tr>
<tr><td>2</td><td>矢高</td><td><1/1000L</td><td></td><td colspan="2"></td></tr>
<tr><td rowspan="4">一般项目</td><td>1</td><td>长度(mm)</td><td>+10</td><td></td><td colspan="2"></td></tr>
<tr><td>2</td><td>端部平整度(mm)</td><td>≤2</td><td></td><td colspan="2"></td></tr>
<tr><td>3</td><td>H 钢桩的方正度h>300
h>300</td><td>T+T′≤8
T+T′≤6</td><td></td><td colspan="2"></td></tr>
<tr><td>4</td><td>端部平面与桩中心线的倾斜值(mm)</td><td>≤2</td><td></td><td colspan="2"></td></tr>
<tr><td colspan="3" rowspan="2">施工单位检查评定结果</td><td>专业工长(施工员)</td><td></td><td>施工班组长</td><td></td></tr>
<tr><td colspan="4">项目专业质量检查员: 年 月 日</td></tr>
<tr><td colspan="3">监理(建设)单位验收结论</td><td colspan="4">专业监理工程师:
(建设单位项目专业技术负责人):
年 月 日</td></tr>
</table>

说 明

010404

主控项目:

1. 钢桩外径或断面尺寸:桩端±0.5%D,尺量检查。(D 为外径或边长)。

桩身<1/1000L,尺量检查。(L 为桩长)。

2. 矢高<1/1000L。拉线和尺量检查。

一般项目:

1. 长度。+10mm。尺量检查。

2. 端部平整度。≤2mm。用水平尺检查。

3. H 铜桩的方正度。$h>300$mm,$T+T'\leqslant 8$。尺量检查。$h<300$mm,$T+T'\leqslant 6$。尺量检查。

4. 端部平面与桩中心线的倾斜值。≤2mm。用水平尺检查。检查后形成检查记录。检查检查记录。

钢桩检验批质量验收记录表

GB 50202—2002

（Ⅱ）　　　　　　　　010404□□□

<table>
<tr><td colspan="3">单位(子单位)工程名称</td><td colspan="3"></td></tr>
<tr><td colspan="3">分部(子分部)工程名称</td><td colspan="2"></td><td>验收部位</td></tr>
<tr><td>施工单位</td><td colspan="3"></td><td>项目经理</td><td></td></tr>
<tr><td>分包单位</td><td colspan="3"></td><td>分包项目经理</td><td></td></tr>
<tr><td colspan="3">施工执行标准名称及编号</td><td colspan="3"></td></tr>
<tr><td colspan="4">施工质量验收规范的规定</td><td>施工单位检查评定记录</td><td>监理(建设)单位验收记录</td></tr>
<tr><td rowspan="2">主控项目</td><td>1</td><td>桩位偏差</td><td>第5.1.3条</td><td></td><td rowspan="8"></td></tr>
<tr><td>2</td><td>承载力</td><td>设计要求</td><td></td></tr>
<tr><td rowspan="6">一般项目</td><td>1</td><td>电焊接桩焊缝：
(1) 上下端部错口
(外径≥700mm)(mm)
(外径＜700mm)(mm)
(2) 焊缝咬边深度(mm)
(3) 焊缝加强层高度(mm)
(4) 焊缝加强层宽度(mm)
(5) 焊缝电焊质量外观
(6) 焊缝探伤检验</td><td>

≤3
≤2
≤0.5
2
2
无气孔，无焊瘤，无裂缝
满足设计要求</td><td></td></tr>
<tr><td>2</td><td>电焊结束后停歇时间(min)</td><td>＞1.0</td><td></td></tr>
<tr><td>3</td><td>节点弯曲矢高</td><td>＜1/1000L</td><td></td></tr>
<tr><td>4</td><td>桩顶标高(mm)</td><td>±50</td><td></td></tr>
<tr><td>5</td><td>停锤标准</td><td>设计要求</td><td></td></tr>
<tr><td colspan="4" rowspan="2">施工单位检查评定结果</td><td>专业工长(施工员)</td><td>施工班组长</td></tr>
<tr><td colspan="2">项目专业质量检查员：　年　月　日</td></tr>
<tr><td colspan="4">监理(建设)单位验收结论</td><td colspan="2">专业监理工程师：
(建设单位项目专业技术负责人)：
年　月　日</td></tr>
</table>

说　明

010404

主控项目：

1．桩位偏差。项目如下表，尺量检查，根据桩位放线检查。

序　号	项　　目	允许偏差
1	盖有基础梁的桩： (1) 垂直基础梁的中心线 (2) 沿基础梁的中心线	 100 + 0.01H 150 + 0.01H
2	桩数为 1～3 根桩基中的桩	100
3	桩数为 4～16 根桩基中的桩	1/2 桩径或边长
4	桩数大于 16 根桩基中的柱： (1) 最外边的桩 (2) 中间桩	 1/3 桩径或边长 1/2 桩径或边长

2．承载力。设计等级为甲级或地质条件复杂，成桩质量可靠性低的灌注桩，应采用静载荷试验。数量不少于总桩数 1%，且不少于 3 根。总桩数少于 50 根时，为 2 根。其他桩应用高应变动力检测。对地质条件、桩型，成桩机具和工艺相同、同一单位施工的桩基。检验桩数不少于总桩数的 2%，且不少于 5 根。静载荷试验，高应变动力检测方法。检查检测报告。

一般项目：

1．电焊接桩焊缝

(1) 上下端部错口。外径≥700mm 时，≤3mm。尺量检查。
外径＜700mm 时，≤2mm。尺量检查。

(2) 焊缝咬边深度。≤0.5mm。焊缝检查仪检查。

(3) 焊缝加强层高度。2mm。焊缝检查仪检查。

(4) 焊缝加强层宽度。2mm。焊缝检查仪检查。

(5) 焊缝外观。无气孔、焊瘤、裂缝。观察检查。

(6) 焊缝探伤检验。10%焊缝探伤检查。符合设计要求。按设计规定方法检查。

2. 电焊后停歇时间，>1.0min。秒表测定。

3. 节点弯曲矢高。<1/1000L。拉线和尺量检查。

4. 桩顶标高。±50mm。用水准仪测量。

5. 停锤标准。符合设计要求。现场实测或检查沉桩记录。

施工前成品钢桩作为一个检验批进行验收。施工中检查钢桩的垂直度、沉入过程、电焊连接质量、电焊后的停歇时间、桩顶锤击后的完整状况。施工结束后应做承载力检验。

检查后形成施工记录或检验报告。

检查施工记录和检验报告。

混凝土灌注柱(钢筋笼)工程检验批质量验收记录表
GB 50202—2002
(Ⅰ)

010405□□□

<table>
<tr><td colspan="4">单位(子单位)工程名称</td><td colspan="3"></td></tr>
<tr><td colspan="4">分部(子分部)工程名称</td><td></td><td>验收部位</td><td></td></tr>
<tr><td colspan="2">施工单位</td><td colspan="3"></td><td>项目经理</td><td></td></tr>
<tr><td colspan="2">分包单位</td><td colspan="3"></td><td>分包项目经理</td><td></td></tr>
<tr><td colspan="4">施工执行标准名称及编号</td><td colspan="3"></td></tr>
<tr><td colspan="4">施工质量验收规范的规定</td><td>施工单位检查评定记录</td><td colspan="2">监理(建设)单位验收记录</td></tr>
<tr><td rowspan="2">主控项目</td><td>1</td><td>主筋间距(mm)</td><td>±10</td><td></td><td colspan="2"></td></tr>
<tr><td>2</td><td>长度(mm)</td><td>±100</td><td></td><td colspan="2"></td></tr>
<tr><td rowspan="3">一般项目</td><td>1</td><td>钢筋材质检验</td><td>设计要求</td><td></td><td colspan="2"></td></tr>
<tr><td>2</td><td>箍筋间距(mm)</td><td>±20</td><td></td><td colspan="2"></td></tr>
<tr><td>3</td><td>直径(mm)</td><td>±10</td><td></td><td colspan="2"></td></tr>
<tr><td colspan="3" rowspan="2">施工单位检查评定结果</td><td>专业工长(施工员)</td><td></td><td>施工班组长</td><td></td></tr>
<tr><td colspan="4">项目专业质量检查员： 年 月 日</td></tr>
<tr><td colspan="3">监理(建设)单位验收结论</td><td colspan="4">专业监理工程师：
(建设单位项目专业技术负责人)：
年 月 日</td></tr>
</table>

说　明

010403

主控项目：

1．主筋间距。±10mm。尺量检查。

2．长度。±100mm。尺量检查。

一般项目：

1．钢筋材质检验。符合设计要求。检查合格证及检验报告。

2．箍筋间距。±20mm。尺量检查。

3．直径。±10mm。尺量检查。

检查后形成检查记录，检查检查记录和钢筋合格证及检验报告。

混凝土灌注桩工程检验批质量验收记录表

GB 50202—2002

（Ⅱ） 010405□□□

<table>
<tr><td colspan="4">单位(子单位)工程名称</td><td colspan="3"></td></tr>
<tr><td colspan="4">分部(子分部)工程名称</td><td></td><td>验收部位</td><td></td></tr>
<tr><td colspan="2">施工单位</td><td colspan="3"></td><td>项目经理</td><td></td></tr>
<tr><td colspan="2">分包单位</td><td colspan="3"></td><td>分包项目经理</td><td></td></tr>
<tr><td colspan="4">施工执行标准名称及编号</td><td colspan="3"></td></tr>
<tr><td colspan="4">施工质量验收规范的规定</td><td>施工单位检查评定记录</td><td colspan="2">监理(建设)单位验收记录</td></tr>
<tr><td rowspan="5">主控项目</td><td>1</td><td>桩位</td><td>第5.1.4条</td><td rowspan="5"></td><td rowspan="5" colspan="2"></td></tr>
<tr><td>2</td><td>孔深(mm)</td><td>+300</td></tr>
<tr><td>3</td><td>桩体质量检验</td><td>设计要求</td></tr>
<tr><td>4</td><td>混凝土强度</td><td>设计要求</td></tr>
<tr><td>5</td><td>承载力</td><td>设计要求</td></tr>
<tr><td rowspan="9">一般项目</td><td>1</td><td>垂直度</td><td>第5.1.4条</td><td rowspan="9"></td><td rowspan="9" colspan="2"></td></tr>
<tr><td>2</td><td>桩径</td><td>第5.1.4条</td></tr>
<tr><td>3</td><td>泥浆比重
(粘土或砂性土中)</td><td>1.15～1.20</td></tr>
<tr><td>4</td><td>泥浆面标高
(高于地下水位)(m)</td><td>0.5～1.0</td></tr>
<tr><td>5</td><td>沉渣厚度:端承桩(mm)
摩擦桩(mm)</td><td>≤50
≤150</td></tr>
<tr><td>6</td><td>混凝土坍落度:
水下灌注(mm)
干施工(mm)</td><td>160～220
70～100</td></tr>
<tr><td>7</td><td>钢筋笼安装深度(mm)</td><td>±100</td></tr>
<tr><td>8</td><td>混凝土充盈系数</td><td>>1</td></tr>
<tr><td>9</td><td>桩顶标高(mm)</td><td>+30，-50</td></tr>
</table>

续表

<table>
<tr><td rowspan="2">施工单位检查评定结果</td><td>专业工长(施工员)</td><td></td><td>施工班组长</td><td></td></tr>
<tr><td colspan="4">项目专业质量检查员：　年　月　日</td></tr>
<tr><td>监理(建设)单位验收结论</td><td colspan="4">专业监理工程师：
(建设单位项目专业技术负责人)：
年　月　日</td></tr>
</table>

说　明

010405

主控项目：

1．桩位。桩位允许偏差和桩的位置及成孔方法不同而不同。

桩　位	沉浆护壁钻孔桩，套管成孔桩				干成孔桩	人工挖孔桩	
	$D\leqslant$ 1000mm	$D>$ 1000mm	$D\leqslant$ 500mm	$D>$ 500mm		混凝土护壁	钢套管护壁
1～3根，单排桩基垂直于中心线方向和群桩基础的边桩	$D/6$，且不大于100mm	100＋0.01H	70mm	100mm	70mm	50mm	100mm
条形基础沿中心线方向和群桩基础的中间桩	$D/4$，且不大于150mm	150＋0.01H	150mm	150mm	150mm	150mm	200mm

尺量检查。

2．孔深。＋300mm。只能深不能浅，测钻杆、套管长度或重锤测。嵌岩桩应确保进入设计要求的嵌岩深度。

3. 桩体质量检查。应用动力法检测,或钻芯取样至桩尖下500mm。符合设计要求,按设计要求方法检测。设计为甲级地基或地质条件复杂,成桩质量可靠性低的灌注桩,抽检数量为总数的30%,且不少于20根;其他桩不少于总数的20%,且不少于10根;对混凝土预制桩及地下水位以上且终孔后经过核查的灌注桩。检查不少于总数10%。且不少于10根。每个柱子承台下不少于1根。

4. 混凝土强度。每50m³取不足50m³取一组试块,每根柱必须有一组试块。强度符合设计要求。

5. 承载力。设计等级为甲级或地质条件复杂,成桩质量可靠性低的灌注桩,应采用静载荷试验,数量不少于总桩数1%,且不少于3根。总桩数少于50根时,为2根。其他桩应用高应变动力检测。对地质条件、桩型,成桩机具和工艺相同、同一单位施工的桩基。检验桩数不少于总桩数的2%,且不少于5根。静载荷试验,高应变动力检测方法。检查检测报告。

一般项目:

1. 垂直度。除人工挖孔湿凝土护壁桩为<0.5%;其他桩为<1%。检查套筒、钻杆的垂直度或吊垂球检查。

2. 桩径。套管成孔、干成孔的桩径为-20mm;泥浆护壁钻孔为±50mm;人工挖孔为+50mm。用井经仪、尺量检查。

3. 泥浆相对密度(粘土或砂性土中)。1.15~1.20。用比重计测量。

4. 泥浆面标高(高于地下水位)。0.5~1.0m。观察检查。

5. 沉渣厚度:端承桩≤50mm。用沉渣仪或吊锤测量。

摩擦桩≤150mm。用沉渣仪或吊锤测量。

6. 混凝土坍落度。水下灌注160~220mm,灌注前坍落度仪测量。

干施工70~100mm。灌注前坍落度仪测量。

7. 钢筋笼安装深度。±100mm,尺量检查。

8. 混凝土充盈系数>1。计量检查每根桩的实际灌注量与桩体积相比。

9. 桩顶标高。+30mm,-50mm。水准仪测量。扣除桩顶浮浆层及劣质桩体。

施工前检查水泥、砂、石子(现场搅拌时),按表格验收钢筋笼。施工中检查成孔、清渣、放置钢筋笼、灌注混凝土。人工挖孔桩孔底持力层土(岩)性。检查嵌岩桩桩端持力层的岩性。施工结束后观查混凝土强度、桩体质量及承载力。

检查后形成施工记录或检验报告。检查施工记录和检验报告。

混凝土灌注桩分项工程质量验收记录

<table>
<tr><td>工程名称</td><td colspan="2">康乐苑A幢高层(附裙房)</td><td>结构类型</td><td>混凝土框架</td><td>检验批数</td><td>10</td></tr>
<tr><td>施工单位</td><td colspan="2">＊＊基础工程公司</td><td>项目经理</td><td></td><td>项目技术负责人</td><td></td></tr>
<tr><td>分包单位</td><td colspan="2"></td><td>分包单位负责人</td><td></td><td>分包项目经理</td><td></td></tr>
<tr><td>序号</td><td colspan="2">检验批部位区段</td><td colspan="2">施工单位评定结果</td><td colspan="2">监理(建设)单位验收结论</td></tr>
<tr><td>1</td><td colspan="2">A轴—C轴</td><td colspan="2">√</td><td colspan="2" rowspan="10">合 格</td></tr>
<tr><td>2</td><td colspan="2">A轴—C轴</td><td colspan="2">√</td></tr>
<tr><td>3</td><td colspan="2">A轴—C轴</td><td colspan="2">√</td></tr>
<tr><td>4</td><td colspan="2">A轴—C轴</td><td colspan="2">√</td></tr>
<tr><td>5</td><td colspan="2">D轴—F轴</td><td colspan="2">√</td></tr>
<tr><td>6</td><td colspan="2">D轴—F轴</td><td colspan="2">√</td></tr>
<tr><td>7</td><td colspan="2">D轴—F轴</td><td colspan="2">√</td></tr>
<tr><td>8</td><td colspan="2">D轴—F轴</td><td colspan="2">√</td></tr>
<tr><td>9</td><td colspan="2">G轴—H轴</td><td colspan="2">√</td></tr>
<tr><td>10</td><td colspan="2">G轴—H轴</td><td colspan="2">√</td></tr>
<tr><td>检查结论</td><td colspan="2">合格
项目专业技术负责人:
年 月 日</td><td>验收结论</td><td colspan="3">同意验收
监理工程师:
(建设单位项目专业技术负责人)
年 月 日</td></tr>
</table>

说 明

一、分项工程名称栏内有几项分项工程就填几项。

二、质量控制资料包含的内容可参考规范“GB 50300—2001”表G.0.1—2中的“建筑与结构”部分。

三、安全和功能检验(检测)报告,主要是与地基或桩基础的承载力有关的检验(检测)结果报告。

四、如无观感质量需要,该栏可不填。

五、施工单位评定结果中,只有在该分项工程结果满足要求且有关资料齐全方可填“合格”或打“√”。

六、分部工程由总监组织验收并在记录表上签署。

地基基础分部工程质量验收记录

工程名称	康乐苑A幢高层(附裙房)		结构类型	混凝土框架	层数	15
施工单位	**基础工程公司		技术部门负责人		质量部门负责人	
分包单位			分包单位负责人		分包技术负责人	
序号	分项工程名称	检验批数	施工单位评定结果		监理(建设)单位验收结论	
1	混凝土灌注桩	10	√		合格	
2	水泥土搅拌桩	4	√			
3	地下连续墙	3	√			
质量控制资料			√		合格	
安全和功能检验(检测)报告			√		合格	
观感质量验收			√			
验收单位	分包单位		项目经理 年 月 日			
	施工单位		项目经理 年 月 日			
	勘探单位		项目负责人 年 月 日			
	设计单位		项目负责人 年 月 日			
	监理(建设)单位		总监理工程师: (建设单位项目专业负责人) 年 月 日			

说　明

一、分项工程名称栏内有几项分项工程就填几项。

二、质量控制资料包含的内容可参考规范“GB 50300—2001”表 G.0.1—2 中的“建筑与结构”部分。

三、安全和功能检验(检测)报告,主要是与地基或桩基础的承载力有关的检验(检测)结果报告。

四、如无观感质量需要,该栏可不填。

五、施工单位评定结果中,只有在该分项工程结果满足要求且有关资料齐全方可填“合格”或打“√”。

六、分部工程由总监组织验收并在记录表上签署。

附录一

中华人民共和国国家标准

建筑地基基础工程施工质量验收规范

Gode for acceptance of construction quality
of building foundation

GB 50202—2002

主编部门:上海市建设和管理委员会
批准部门:中华人民共和国建设部
施行日期:2002 年 5 月 1 日

关于发布国家标准《建筑地基基础工程施工质量验收规范》的通知

建标[2002]79 号

根据建设部《关于印发〈一九九七年工程建设标准制订、修订计划〉的通知》(建标[1997]108 号)的要求，上海市建设和管理委员会会同有关部门共同修订了《建筑地基基础工程施工质量验收规范》。我部组织有关部门对该规范进行了审查，现批准为国家标准，编号为 GB 50202—2002，自 2002 年 5 月 1 日起施行。其中，4.1.5、4.1.6、5.1.3、5.1.4、5.1.5、7.1.3、7.1.7 为强制性条文，必须严格执行。原《地基与基础工程施工及验收规范》GBJ 202—83 和《土方与爆破工程施工及验收规范》GBJ 201—83 中有关"土方工程"部分同时废止。

本规范由建设部负责管理和对强制性条文的解释，上海市基础工程公司负责具体技术内容的解释，建设部标准定额研究所组织中国计划出版社出版发行。

中华人民共和国建设部

二〇〇二年四月一日

前　言

本规范是根据建设部《关于印发〈一九九七年工程建设标准制订、修订计划〉的通知》[建标(1997)108号]的要求，由上海建工集团总公司所属上海市基础工程公司会同有关单位共同对原国家标准《地基与基础工程施工及验收规范》GBJ 202—83修订而成的。

在修订过程中，规范编制组开展了专题研究，进行了比较广泛的调查研究，总结了多年的地基与基础工程设计、施工的经验，适当考虑了近几年已成熟应用的新技术，按照“验评分离、强化验收、完善手段、过程控制”的方针，进行全面修改、形成了初稿，又以多种方式广泛征求了全国有关单位的意见，对主要问题进行了反复修改，最后经审定定稿。

本规范主要内容分8章，包括总则、术语、基本规定、地基、桩基础、土方工程、基坑工程及工程验收等内容。其中土方工程是将原《土方与爆破工程施工及验收规范》GBJ 201—83中的土方工程内容予以修改后放入了本规范，基坑工程是为适应新的形势而增添的内容。

本规范将来可能需要进行局部修订，有关局部修订的信息和条文内容将刊登在《工程建设标准化》杂志上。

本规范以黑体字标志的条文为强制性条文，必须严格执行。

为了提高规范质量，请各单位在执行本标准的过程中，注意总结经验，积累资料，随时将有关的意见和建议反馈组上海市工程公司(上海市江西中路406号、邮编:200002、E-mail:zgs@sfec.sh.cn)，以供今后修订时参考。

本规范主编单位、参编单位和主要起草人：

主编单位：上海市基础工程公司

参编单位：中国建筑科学研究院地基所

中港三航设计研究院
建设部综合勘察研究设计院
同济大学
主要起草人:桂业琨　中柏荣　吴春林　李耀刚　李耀良
陈希泉　高宏兴　郭书泰　缪俊发　李康俊
邱式中　线建敏　刘德林

目　录

1 总　　则

1.0.1 为加强工程质量监督管理,统一地基基础工程施工质量的验收,保证工程质量,制定本规范。

1.0.2 本规范适用于建筑工程的地基基础工程施工质量验收。

1.0.3 地基基础工程施工中采用的工程技术文件、承包合同文件对施工质量验收的要求不得低于本规范的规定。

1.0.4 本规范应与现行国家标准《建筑工程施工质量验收统一标准》GB 50300 配套使用。

1.0.5 地基基础工程施工质量的验收除应执行本规范外,尚应符合国家现行有关标准规范的规定。

2 术 语

2.0.1 土工合成材料地基 geosynthetics foundation

在土工合成材料上填以土(砂土料)构成建筑物的地基,土工合成材料可以是单层,也可以是多层。一般为浅层地基。

2.0.2 重锤夯实地基 heavy tamping foundation

利用重锤自由下落时的冲击能来夯实浅层填土地基,使表面形成一层较为均匀的硬层来承受上部载荷。强夯的锤击与落距要远大于重锤夯实地基。

2.0.3 强夯地基 dynamic consolidation foundation

工艺与重锤夯实地基类同,但锤重与落距要远大于重锤夯实地基。

2.0.4 注浆地基 grouting foundation

将配置好的化学浆液或水泥浆液,通过导管注入土体孔隙中,与土体结合,发生物化反应,从而提高土体强度,减小其压缩性和渗透性。

2.0.5 预压地基 preloading foundation

在原状土上加载,使土中水排出,以实现土的预先固结,减少建筑物地基后期沉降和提高地基承载力。按加载方法的不同,分为堆载预压、真空预压、降水预压三种不同方法的预压地基。

2.0.6 高压喷射注浆地基 jet grouting foundation

利用钻机把带有喷嘴的注浆管钻至土层的预定位置或先钻孔后将注浆管放至预定位置,以高压使浆液或水从喷嘴中射出,边旋转边喷射的浆液,使土体与浆液搅拌混合形成一固结体。施工采用单独喷出水泥浆的工艺,称为单管法;施工采用同时喷出高压空气与水泥浆的工艺,称为二管法;施工采用同时喷出高压水、高压空气及水泥浆的工艺,称为三管法。

2.0.7 水泥土搅拌桩地基 soil-cement mixed pile foundation

利用水泥作为固化剂,通过搅拌机械将其与地基土强制搅拌,硬化后构成的地基。

2.0.8 土与灰土挤密桩地基 soil-lime compacted column

在原土中成孔后分层填以素土或灰土,并夯实,使填土压密,同时挤密周围土体,构成坚实的地基。

2.0.9 水泥粉煤灰、碎石桩 cement flyash gravel pile

用长螺旋钻机钻孔或沉管桩机成孔后,将水泥、粉煤灰及碎石混合搅拌后,泵压或经下料斗投入孔内,构成密实的桩体。

2.0.10 锚杆静压桩 pressed pile by anchor rod

利用锚杆将桩分节压入土层中的沉桩工艺。锚杆可用垂直土锚或临时锚在混凝土底板、承台中的地锚。

3 基本规定

3.0.1 地基基础工程施工前,必须具备完备的地质勘察资料及工程附近管线、建筑物、构筑物和其他公共设施的构造情况,必要时应作施工勘察和调查以确保工程质量及临近建筑的安全。施工勘察要点详见附录A。

3.0.2 施工单位必须具备相应专业资质,并应建立完善的质量管理体系和质量检验制度。

3.0.3 从事地基基础工程检测及见证试验的单位,必须具备省级以上(含省、自治区、直辖市)建设行政主管部门颁发的资质证书和计量行政主管部门颁发的计量认证合格证书。

3.0.4 地基基础工程是分部工程,如有必要,根据现行国家标准《建筑工程施工质量验收统一标准》GB 50300 规定,可再划分若干个子分部工程。

3.0.5 施工过程中出现异常情况时,应停止施工,由监理或建设单位组织勘察、设计、施工等有关单位共同分析情况,解决问题,消除质量隐患,并应形成文件资料。

4 地 基

4.1 一 般 规 定

4.1.1 建筑物地基的施工应具备下述资料：

1 岩土工程勘察资料。

2 临近建筑物和地下设施类型、分布及结构质量情况。

3 工程设计图纸、设计要求及需达到的标准，检验手段。

4.1.2 砂、石子、水泥、钢材、石灰、粉煤灰等原材料的质量、检验项目、批量和检验方法，应符合国家现行标准的规定。

4.1.3 地基施工结束，宜在一个间歇期后，进行质量验收，间歇期由设计确定。

4.1.4 地基加固工程，应在正式施工前进行试验段施工，论证设定的施工参数及加固效果。为验证加固效果所进行的载荷试验，其施加载荷应不低于设计载荷的2倍。

4.1.5 对灰土地基、砂和砂石地基、土工合成材料地基、粉煤灰地基、强夯地基、注浆地基、预压地基，基竣工后的结果（地基强度或承载力）必须达到设计要求的标准。检验数量，每单位工程不应少于3点，1000m^2 以上工程，每100m^2 至少应有1点，3000m^2 以上工程，每300m^2 至少应有1点。每一独立基础下至少应有1点，基槽每20延米应有1点。

4.1.6 对水泥土搅拌桩复合地基、高压喷射注浆桩复合地基、砂桩地基、振冲桩复合地基、土和灰土挤密桩复合地基、水泥粉煤灰碎石桩复合地基及夯实水泥土桩复合地基，其承载力检验，数量为总数的0.5%～1%，但不应少于3处。有单桩强度检验要求时，数量为总数的0.5%～1%，但不应少于3根。

4.1.7 除本规范第4.1.5、4.1.6条指定的主控项目外，其他主控项目及一般项目可随意抽查,但复合地基中的水泥土搅拌桩、高压喷射注浆桩、振冲桩、土和灰土挤密桩、水泥粉煤灰碎石桩及夯实水泥土桩至少应抽查20%。

4.2 灰 土 地 基

4.2.1 灰土土料、石灰或水泥(当水泥替代灰土中的石灰时)等材料及配合比应符合设计要求,灰土应搅拌均匀。

4.2.2 施工过程中应检查分层铺设的厚度、分段施工时上下两层的搭接长度、夯实时加水量、夯压遍数、压实系数。

4.2.3 施工结束后,应检验灰土地基的承载力。

4.2.4 灰土地基的质量验收标准应符合表4.2.4的规定。

灰土地基质量检验标准 **表4.2.4**

项	序	检查项目	允许偏差或允许值		检查方法
			单位	数值	
主控项目	1	地基承载力	设计要求		按规定方法
	2	配合比	设计要求		按拌和时的体积比
	3	压实系数	设计要求		现场实测
一般项目	1	石灰粒径	mm	≤	筛分法
	2	土料有机质含量	%	≤5	试验室焙烧法
	3	土颗料粒径	mm	≤15	筛分法
	4	含水量(与要求的最优含水量比较)	%	±2	筛分法
	5	分层厚度偏差(与设计要求比较)	mm	±50	水准仪

4.3 砂和砂石地基

4.3.1 砂、石等原材料质量、配合比应符合设计要求,砂、石应搅拌均匀。

4.3.2 施工过程中必须检查分层厚度、分段施工时搭接部分的压实情况、加水量、压实遍数、压实系数。

4.3.3 施工结束后，应检验砂石地基的承载力。

4.3.4 砂和砂石地基的质量验收标准应符合表4.3.4的规定。

砂及砂石地基质量检验标准 **表4.3.4**

项	序	检查项目	允许偏差或允许值		检查方法
			单位	数值	
主控项目	1	地基承载力	设计要求		按规定方法
	2	配合比	设计要求		检查拌和时的体积比或重量比
	3	压实系数	设计要求		现场实测
一般项目	1	砂石料有机质含量	%	≤5	焙烧法
	2	砂石料含泥量	%	≤5	水洗法
	3	石料粒径	mm	≤100	筛分法
	4	含水量(与最优含水量比较)	%	±2	烘干法
	5	分层厚度(与设计要求比较)	mm	±50	水准仪

4.4 土工合成材料地基

4.4.1 施工前应对土工合成材料的物理性能(单位面积的质量、厚度、比重)、强度、延伸率以及土、砂石料等做检验。土工合成材料以100m^{2}为一批，每批应抽查5%。

4.4.2 施工过程中应检查清基、回填料铺设厚度及平整度、土工合成材料的铺设方向、接缝搭接长度或缝接状况、土工合成材料与结构的连接状况等。

4.4.3 施工结束后，应进行承载力检验。

4.4.4 土工合成材料地基质量检验标准应符合表4.4.4的规定。

土工合成材料地基质量检验标准　　表 4.4.4

项	序	检查项目	允许偏差或允许值		检查方法
			单位	数值	
主控项目	1	土工合成材料强度	%	≤5	置于夹具上做拉伸试验(结果与设计标准相比)
	2	土工合成材料延伸率	%	≤3	置于夹具上做拉伸试验(结果与设计标准相比)
	3	地基承载力	设计要求		按规定方法
一般项目	1	土工合成材料搭接长度	mm	≥300	用钢尺量
	2	土石料有机质含量	%	≤5	焙烧法
	3	层面平整度	mm	≤20	用 2m 靠尺
	4	每层铺设厚度	mm	±25	水准仪

4.5 粉煤灰地基

4.5.1 施工前应检查粉煤灰材料，并对基槽清底状况、地质条件予以检验。

4.5.2 施工过程中应检查铺筑厚度、碾压遍数、施工含水量控制、搭接区碾压程度、压实系数等。

4.5.3 施工结束后，应检验地基的承载力。

4.5.4 粉煤灰地基质量检验标准应符合表 **4.5.4** 的规定。

粉煤灰地基质量检验标准　　表 4.5.4

项	序	检查项目	允许偏差或允许值		检查方法
			单位	数值	
主控项目	1	压实系数	设计要求		现场实测
	2	地基承载力	设计要求		按规定方法

续表

项	序	检查项目	允许偏差或允许值		检查方法
			单位	数值	
一般项目	1	粉煤灰粒径	mm	0.001～2.000	过筛
	2	氧化铝及二氧化硅含量	%	≥70	试验室化学分析
	3	烧失量	%	≤12	试验室烧结法
	4	每层铺筑厚度	mm	±50	水准仪
	5	含水量(与最优含水量比较)	%	±2	取样后试验室确定

4.6 强 夯 地 基

4.6.1 施工前应检查夯锤重量、尺寸，落距控制手段，排水设施及被夯地基的土质。

4.6.2 施工中应检查落距、夯击遍数、夯点位置、夯击范围。

4.6.3 施工结束后，检查被夯地基的强度并进行承载力检验。

4.6.4 强夯地基质量检验标准应符合表 4.6.4 的规定。

强夯地基质量检验标准 **表 4.6.4**

项	序	检查项目	允许偏差或允许值		检查方法
			单位	数值	
主控项目	1	地基强度	设计要求		按规定方法
	2	地基承载力	设计要求		按规定方法
一般项目	1	夯锤落距	mm	±300	钢索设标志
	2	锤量	kg	±100	称重
	3	夯击遍数及顺序	设计要求		计数法
	4	夯点间距	mm	±500	用钢尺量
	5	夯击范围(超出基础范围距离)	设计要求		用钢尺量
	6	前后两遍间歇时间	设计要求		

4.7 注 浆 地 基

4.7.1 施工前应掌握有关技术文件(注浆点位置、浆液配比、注浆施工技术参数、检测要求等)。浆液组成材料的性能必须应符合设计要求,注浆设备应确保正常运转。

4.7.2 施工中应经常抽查浆液的配比及主要性能指标,注浆的顺序、注浆过程中的压力控制等。

4.7.3 施工结束后,应检查注浆体强度、承载力等。检查孔数为总量的2%~5%,不合格率大于或等于20%时应进行二次注浆。检验应在注浆后15d(砂土、黄土)或60d(粘性土)进行。

4.7.4 注浆地基的质量检验标准应符合表4.7.4的规定。

注浆地基质量检验标准 **表4.7.4**

项	序	检查项目		允许偏差或允许值		检查方法
				单位	数值	
主控项目	1	原材料检验	水泥	设计要求		查产品合格证书或抽样送检
			注浆用砂:粒径	mm	<2.5	试验室试验
			细度模数		<2.0	
			含泥量及有机物含量	%	<3	
			注浆用粘土:塑性指数		>14	试验室试验
			粘料含量	%	>25	
			含砂量	%	<5	
			有机物含量	%	<3	
			粉煤灰:细度	不粗于同时使用的水泥		试验室试验
			烧失量	%	<3	
			水玻璃:模数	2.5~3.3		抽样送检
			其他化学浆液	设计要求		查产品合格证书或抽样送检
	2	注浆体强度		设计要求		取样检验
	3	地基承载力		设计要求		按规定方法
一般项目	1	各种注浆材料称量误差		%	<3	抽查
	2	注浆孔位		mm	±20	用钢尺量
	3	注浆孔深		mm	±100	量测注浆管长度
	4	注浆压力(与设计参数比)		%	±10	检查压力表读数

4.8 预 压 地 基

4.8.1 施工前应检查施工监测措施，沉降、孔隙水压力等原始数据，排水设施，砂井(包括袋装砂井)、塑料排水带等位置。塑料排水带的质量标准应符合本规范附录B的规定。

4.8.2 堆载施工应检查堆载高度、沉降速率。真空预压施工应检查密封膜的密封性能、真空表读数等。

4.8.3 施工结束后，应检查地基土的强度及要求达到的其他物理力学指标，重要建筑物地基应做承载力检验。

4.8.4 预压地基和塑料排水带质量检验标准应符合表4.8.4的规定。

预压地基和塑料排水带质量检验标准　　表4.8.4

项	序	检查项目	允许偏差或允许值		检查方法
			单位	数值	
主控项目	1	预压载荷	%	≤2	水准仪
	2	固结度(与设计要求比)	%	≤2	根据设计要求采用不同的方法
	3	承载力或其他性能指标	设计要求		按规定方法
一般项目	1	沉降速率(与控制值比)	%	±10	水准仪
	2	砂井或塑料排水带位置	mm	±100	用钢尺量
	3	砂井或塑料排水带插入深度	mm	±200	插入时用经纬仪检查
	4	插入塑料排水带时的回带长度	mm	≤500	用钢尺量
	5	塑料排水带或砂井高出砂垫层距离	mm	≥200	用钢尺量
	6	插入塑料排水带的回带根数	%	＜5	目测

注：如真空预压，主控项目中预压载荷的检查为真空度降低值＜2%。

4.9 振 冲 地 基

4.9.1 施工前应检查振冲器的性能,电流表、电压表的准确度及填料的性能。

4.9.2 施工中应检查密实电流、供水压力、供水量、填料量、孔底留振时间、振冲点位置、振冲器施工参数等(施工参数由振冲试验或设计确定)。

4.9.3 施工结束后,应在有代表性的地段做地基强度或地基承载力检验。

4.9.4 振冲地基质量检验标准应符合表4.9.4的规定。

振冲地基质量检验标准 　　　　表 4.9.4

项	序	检查项目	允许偏差或允许值		检查方法
			单位	数值	
主控项目	1	填料粒径	设计要求		抽样检查
	2	密实电流(粘性土) 密实电流(砂性土或粉土) (以上为功率30kW振冲器) 密实电流(其他类型振冲器)	A A Ao	50~55 40~50 1.5~2.0	电流表读数 电流表读数 Ao为空振电流
	3	地基承载力	设计要求		按规定方法
一般项目	1	填料含泥量	%	<5	抽样检查
	2	振冲器喷水中心与孔径中心偏差	mm	≤50	用钢尺量
	3	成孔中心与设计孔位中心偏差	mm	≤100	用钢尺量
	4	桩体直径	mm	<50	用钢尺量
	5	孔深	mm	±200	量钻杆或重锤测

4.10 高压喷射注浆地基

4.10.1 施工前应检查水泥、外掺剂等的质量,桩位,压力表、流量表的精度和灵敏度，高压喷射设备的性能等。

4.10.2 施工中应检查施工参数(压力、水泥浆量、提升速度、旋转速度等)及施工程序。

4.10.3 施工结束后，应检验桩体强度、平均直径、桩身中心位置、桩体质量及承载力等。桩体质量及承载力检验应在施工结束后28d进行。

4.10.4 高压喷射注浆地基质量检验标准应符合表4.10.4的规定。

高压喷射注浆地基质量检验标准　　表 4.10.4

项	序	检查项目	允许偏差或允许值		检查方法
			单位	数值	
主控项目	1	水泥及外掺剂质量	符合出厂要求		查产品合格证书或抽样送检
	2	水泥用量	设计要求		查看流量表及水泥浆水灰比
	3	桩体强度或完整性检验	设计要求		按规定方法
	4	地基承载力	设计要求		按规定方法
一般项目	1	钻孔位置	mm	≤50	用钢尺量
	2	钻孔垂直度	%	≤1.5	经纬仪测钻杆或实测
	3	孔深	mm	±200	用钢尺量
	4	注浆压力	按设定参数指标		查看压力表
	5	桩体搭接	mm	>200	用钢尺量
	6	桩体直径	mm	≤50	开挖后用钢尺量
	7	桩身中心允许偏差		≤0.2D	用挖后桩顶下500mm处用钢尺量，D为桩径

4.11 水泥土搅拌桩地基

4.11.1 施工前应检查水泥及外掺剂的质量、桩位、搅拌机工作性能及各种计量设备完好程度(主要是水泥浆流量计及其他计量装置)。

4.11.2 施工中应检查机头提升速度、水泥浆或水泥注入量、搅拌桩的长度及标高。

4.11.3 施工结束后,应检查桩体强度、桩体直径及地基承载力。

4.11.4 进行强度检验时,对承重水泥土搅拌桩应取 90d 后的试件;对支护水泥土搅拌桩应取 28d 后的试件。

4.11.5 水泥土搅拌桩地基质量检验标准应符合表 4.11.5 的规定。

水泥土搅拌桩地基质量检验标准 **表 4.11.5**

项	序	检查项目	允许偏差或允许值		检查方法
			单位	数值	
主控项目	1	水泥及外掺剂质量	设计要求		查产品合格证书或抽样送检
	2	水泥用量	参数指标		查看流量计
	3	桩体强度	设计要求		按规定办法
	4	地基承载力	设计要求		按规定办法
一般项目	1	机头提升速度	m/min	≤0.5	量机头上升距离及时间
	2	桩底标高	mm	±200	测机头深度
	3	桩顶标高	mm	+100 -50	水准仪(最上部 500mm 不计入)
	4	桩位偏差	mm	＜50	用钢尺量
	5	桩径		＜0.04D	用钢尺量,D 为桩径
	6	垂直度	%	≤1.5	经纬仪
	7	搭接	mm	＞200	用钢尺量

4.12 土和灰土挤密桩复合地基

4.12.1 施工前应对土及灰土的质量、桩孔放样位置等做检查。

4.12.2 施工中应对桩孔直径、桩孔深度、夯击次数、填料的含水量等做检查。

4.12.3 施工结束后,应检验成桩的质量及地基承载力。

4.12.4 土和灰土挤密桩地基质量检验标准应符合表4.12.4的规定。

土和灰土挤密桩地基质量检验标准 **表4.12.4**

项	序	检查项目	允许偏差或允许值		检查方法
			单位	数值	
主控项目	1	桩体及桩间土干密度	设计要求		现场取样检查
	2	桩长	mm	+500	测桩管长度或垂球测孔深
	3	地基承载力	设计要求		按规定的方法
	4	桩径	mm	−20	用钢尺量
一般项目	1	土料有机质含量	%	≤5	试验室焙烧法
	2	石灰粒径	mm	≤5	筛分法
	3	桩位偏差		满堂布桩≤0.40D 条基布桩≤0.25D	用钢尺量,D为桩径
	4	垂直度	%	≤1.5	用经纬仪测桩管
	5	桩径	mm	−20	用钢尺量

注:桩径允许偏差负值是指个别断面。

4.13 水泥粉煤灰碎石桩复合地基

4.13.1 水泥、粉煤灰、砂及碎石等原材料应符合设计要求。

4.13.2 施工中应检查桩身混合料的配合比、坍落度和提拔钻杆速度(或提拔套管速度)、成孔深度、混合料灌入量等。

4.13.3 施工结束后,应对桩顶标高、桩位、桩体质量、地基承载力以及褥垫层的质量做检查。

4.13.4 水泥粉煤灰碎石桩复合地基的质量检验标准应符合表4.13.4的规定。

水泥粉煤灰碎石桩复合地基质量检验标准　　表 4.13.4

<table>
<tr><th rowspan="2">项</th><th rowspan="2">序</th><th rowspan="2">检查项目</th><th colspan="2">允许偏差或允许值</th><th rowspan="2">检查方法</th></tr>
<tr><th>单位</th><th>数值</th></tr>
<tr><td rowspan="4">主控项目</td><td>1</td><td>原材料</td><td colspan="2">设计要求</td><td>查产品合格证书或抽样送检</td></tr>
<tr><td>2</td><td>桩径</td><td>mm</td><td>-20</td><td>用钢尺量或计算填料量</td></tr>
<tr><td>3</td><td>桩身强度</td><td colspan="2">设计要求</td><td>查 28d 试块强度</td></tr>
<tr><td>4</td><td>地基承载力</td><td colspan="2">设计要求</td><td>按规定的办法</td></tr>
<tr><td rowspan="5">一般项目</td><td>1</td><td>桩身完整性</td><td colspan="2">按桩基检测技术规范</td><td>按桩基检测技术规范</td></tr>
<tr><td>2</td><td>桩位偏差</td><td></td><td>满堂布桩≤0.40D
条基布桩≤0.25D</td><td>用钢尺量，D 为桩径</td></tr>
<tr><td>3</td><td>桩垂直度</td><td>%</td><td>≤1.5</td><td>用经纬仪测桩管</td></tr>
<tr><td>4</td><td>桩长</td><td>mm</td><td>+100</td><td>测桩管长度或垂球测孔深</td></tr>
<tr><td>5</td><td>褥垫层夯填度</td><td colspan="2">≤0.9</td><td>用钢尺量</td></tr>
</table>

注：1. 夯填度指夯实后的褥垫层厚度与虚体厚度的比值。

2. 桩径允许偏差负值是指个别断面。

4.14 夯实水泥土桩复合地基

4.14.1 水泥及夯实用土料的质量应符合设计要求。

4.14.2 施工中应检查孔位、孔深、孔径、水泥和土的配比、混合料含水量等。

4.14.3 施工结束后，应对桩体质量及复合地基承载力做检验，褥垫层应检查其夯填度。

4.14.4 夯实水泥土桩的质量检验标准应符合表 4.14.4 的规定。

夯实水泥土桩复合地基质量检验标准　　表 4.14.4

<table>
<tr><th rowspan="2">项</th><th rowspan="2">序</th><th rowspan="2">检查项目</th><th colspan="2">允许偏差或允许值</th><th rowspan="2">检查方法</th></tr>
<tr><th>单位</th><th>数值</th></tr>
<tr><td rowspan="4">主控项目</td><td>1</td><td>桩径</td><td>mm</td><td>-20</td><td>用钢尺量</td></tr>
<tr><td>2</td><td>桩长</td><td>mm</td><td>+500</td><td>测桩孔深度</td></tr>
<tr><td>3</td><td>桩体干密度</td><td colspan="2">设计要求</td><td>现场取样检查</td></tr>
<tr><td>4</td><td>地基承载力</td><td colspan="2">设计要求</td><td>按规定的方法</td></tr>
</table>

续表

项	序	检查项目	允许偏差或允许值		检查方法
			单位	数值	
一般项目	1	土料有机质含量	%	≤5	焙烧法
	2	含水量(与最优含水量比)	%	±2	烘干法
	3	土料粒径	mm	≤20	筛分法
	4	水泥质量	设计要求		查产品质量合格证书或抽样送检
	5	桩位偏差		满堂布桩≤0.40D 条基布桩≤0.25D	用钢尺量，D为桩径
	6	桩孔垂直度	%	≤1.5	用经纬仪测桩管
	7	褥垫层夯填度	≤0.9		用钢尺量

注：见表4.13.4。

4.14.5 夯扩桩的质量检验标准可按本节执行。

4.15 砂桩地基

4.15.1 施工前应检查砂料的含泥量及有机质含量、样桩的位置等。

4.15.2 施工中检查每根砂桩的桩位、灌砂量、标高、垂直度等。

4.15.3 施工结束后，应检验被加固地基的强度或承载力。

4.15.4 砂桩地基的质量检验标准应符合表4.15.4的规定。

砂桩地基的质量检验标准　　表4.15.4

项	序	检查项目	允许偏差或允许值		检查方法
			单位	数值	
主控项目	1	灌砂量	%	≥95	实际用砂量与计算体积比
	2	地基强度	设计要求		按规定方法
	3	地基承载力	设计要求		按规定方法

续表

项	序	检查项目	允许偏差或允许值		检查方法
			单位	数值	
一般项目	1	砂料的含泥量	%	≤3	试验室测定
	2	砂料的有机质含量	%	≤5	焙烧法
	3	桩位	mm	≤50	用钢尺量
	4	砂桩标高	mm	±150	水准仪
	5	垂直度	%	≤1.5	经纬仪检查桩管垂直度

5 桩 基 础

5.1 一 般 规 定

5.1.1 桩位的放样允许偏差如下：

群桩　　20mm；

单排桩　10mm。

5.1.2 桩基工程的桩位验收，除设计有规定外，应按下述要求进行：

1 当桩顶设计标高与施工场地标高相同时，或桩基施工结束后，有可能对桩位进行检查时，桩基工程的验收应在施工结束后进行。

2 当桩顶设计标高低于施工场地标高，送桩后无法对桩位进行检查时，对打入桩可在每根桩桩顶沉至场地标高时，进行中间验收，待全部桩施工结束，承台或底板开挖到设计标高后，再做最终验收。对灌注桩可对护筒位置做中间验收。

5.1.3 打(压)入桩(预制混凝土方桩、先张法预应力管桩、钢桩)的桩位偏差，必须符合表 5.1.3 的规定。斜桩倾斜度的偏差不得大于倾斜角正切值的 15%(倾斜角系桩的纵向中心线与铅垂线间夹角)。

预制桩(钢桩)桩位的允许偏差(mm)　　表 5.1.3

项	项　目	允 许 偏 差
1	盖有基础梁的桩： (1) 垂直基础梁的中心线 (2) 沿基础梁的中心线	 $100+0.01H$ $150+0.01H$

续表

项	项　目	允 许 偏 差
2	桩数为 1～3 根桩基中的桩	100
3	桩数为 4～16 根桩基中的桩	1/2 桩径或边长
4	桩数大于 16 根桩基中的桩： (1) 最外边的桩 (2) 中间桩	1/3 桩径或边长 1/2 桩径或边长

注：*H* 为施工现场地面标高与桩顶设计标高的距离。

5.1.4　灌注桩的桩位偏差必须符合表 5.1.4 的规定，桩顶标高至少要比设计标高高出 0.5m，桩底清孔质量按下同的成桩工艺有不同的要求，应按本章的各节要求执行。每浇注 $50m^3$ 必须有 1 组试件，小于 $50m^3$ 的桩，每根桩必须有 1 组试件。

5.1.5　工程桩应进行承载力检验。对于地基基础设计等级为甲级或地质条件复杂，成桩质量可靠性低的灌注桩，应采用静载荷试验的方法进行检验，检验桩数不应少于总数的 1%，且不应少于 3 根，当总桩数少于 50 根时，不应少于 2 根。

5.1.6　桩身质量进行检验。对设计等级为甲级或地质条件复杂，成检质量可靠性低的灌注桩，抽检数量不应少于总数的 30%，且不应少于 20 根；其他桩基工程的抽检数量不应少于总数的 20%，且不应少丁 10 根；对混凝土预制桩及地下水位以上且终孔后经过核验的灌注桩，检验数量不应少于总桩数的 10%，且不得少于 10 根。每个柱子承台下不得少于 1 根。

5.1.7　对砂、石子、钢材、水泥等原材料的质量、检验项目、批量和检验方法，应符合国家现行标准的规定。

5.1.8　除本规范第 5.1.5、5.1.6 条规定的主控项目外，其他主控项目应全部检查，对一般项目，除已明确规定外，其他可按 20% 抽查，但混凝土灌注桩应全部检查。

灌注桩的平面位置和垂直度的允许偏差 表 5.1.4

序号	成孔方法		桩径允许偏差(mm)	垂直度允许偏差(%)	桩位允许偏差(mm)	
					1～3 根、单排桩基垂直于中心线方向和群桩基础的边桩	条形桩基沿中心线方向和群桩基础的中间桩
1	泥浆护壁钻孔桩	$D \leqslant 1000$mm	±50	<1	$D/6$,且不大于 100	$D/4$,且不大于 150
		$D > 1000$mm	±50		$100+0.01H$	$150+0.01H$
2	套管成孔灌注桩	$D \leqslant 500$mm	−20	<1	70	150
		$D > 500$mm			100	150
3	干成孔灌注桩		−20	<1	70	150
4	人工挖孔桩	混凝土护壁	+50	<0.5	50	150
		钢套管护壁	+50	<1	100	200

注：1. 桩径允许偏差的负值是指个别断面。
2. 采用复打、反插法施工的桩，其桩径允许偏差不受上表限制。
3. H 为施工现场地面标高与桩顶设计标高的距离，D 为设计桩径。

5.2 静 力 压 桩

5.2.1 静力压桩包括锚杆静压桩及其他各种非冲击力沉桩。

5.2.2 施工前应对成品桩(锚杆静压成品桩一般均由工厂制造,运至现场堆放)做外观及强度检验,按桩用焊条或半成品硫磺胶泥应有产品合格证书,或送有关部门检验,压桩用压力表、锚杆规格及质量也应进行检验。硫磺胶泥半成品应每100kg做一组试件(3件)。

5.2.3 压桩过程中应检查压力、桩垂直度、接桩间歇时间、桩的连接质量及压入深度。重要工程应对电焊接桩的接头做10%的探伤检查。对承受反力结构应加强观测。

5.2.4 施工结束后,应做桩的承载力及桩体质量检验。

5.2.5 锚杆静压桩质量检验标准应符合表5.2.5的规定。

静力压桩质量检验标准 **表 5.2.5**

<table>
<tr><th rowspan="2">项</th><th rowspan="2">序</th><th rowspan="2">检查项目</th><th colspan="2">允许偏差或允许值</th><th rowspan="2">检查方法</th></tr>
<tr><th>单位</th><th>数值</th></tr>
<tr><td rowspan="3">主控项目</td><td>1</td><td>桩体质量检验</td><td colspan="2">按基桩检测技术规范</td><td>按基桩检测技术规范</td></tr>
<tr><td>2</td><td>桩位偏差</td><td colspan="2">见本规范表5.1.3</td><td>用钢尺量</td></tr>
<tr><td>3</td><td>承载力</td><td colspan="2">按基桩检测技术规范</td><td>按基桩检测技术规范</td></tr>
<tr><td rowspan="2">一般项目</td><td>1</td><td>成品桩质量:外观
外形尺寸
强度</td><td colspan="2">表面平整,颜色均匀,掉角深度＜10mm,蜂窝面积小于总面积0.5%
见本规范表5.4.5
满足设计要求</td><td>直观
见本规范表5.4.5
查产品合格证书或钻芯试压</td></tr>
<tr><td>2</td><td>硫磺胶泥质量(半成品)</td><td colspan="2">设计要求</td><td>查产品合格证书或抽样送检</td></tr>
</table>

续表

<table>
<tr><th rowspan="2">项</th><th rowspan="2">序</th><th rowspan="2" colspan="2">检查项目</th><th colspan="2">允许偏差或允许值</th><th rowspan="2">检查方法</th></tr>
<tr><th>单位</th><th>数值</th></tr>
<tr><td rowspan="7">主控项目</td><td rowspan="3">3</td><td rowspan="3">接桩</td><td rowspan="2">电焊接桩:焊缝质量
电焊结束后
停歇时间</td><td colspan="2">见本规范表 5.5.4-2</td><td>见本规范表 5.5.4-2</td></tr>
<tr><td>min</td><td>>1.0</td><td>秒表测定</td></tr>
<tr><td>硫磺胶泥接桩:
胶泥浇注时间
浇注后停歇时间</td><td>min
min</td><td><2
>7</td><td>秒表测定
秒表测定</td></tr>
<tr><td>4</td><td colspan="2">电焊条质量</td><td colspan="2">设计要求</td><td>查产品合格证书</td></tr>
<tr><td>5</td><td colspan="2">压桩压力(设计有要求时)</td><td>%</td><td>±5</td><td>查压力表读数</td></tr>
<tr><td>6</td><td colspan="2">接桩时上下节平面偏差
接桩时节点弯曲矢高</td><td>mm</td><td><10
<1/1000l</td><td>用钢尺量
用钢尺量,l 为两节桩长</td></tr>
<tr><td>7</td><td colspan="2">桩顶标高</td><td>mm</td><td>±50</td><td>水准仪</td></tr>
</table>

5.3 先张法预应力管桩

5.3.1 施工前应检查进入现场的成品桩,接桩用电焊条等产品质量。

5.3.2 施工过程中应检查桩的贯入情况、桩顶完整状况、电焊接桩质量、桩体垂直度、电焊后的停歇时间。重要工程应对电焊接头做10%的焊缝探伤检查。

5.3.3 施工结束后,应做承载力检验及桩体质量检验。

5.3.4 先张法预应力管桩的质量检验应符合表 5.3.4 的规定。

先张法预应力管桩质量检验标准　　　　表 5.3.4

<table>
<tr><th rowspan="2">项</th><th rowspan="2">序</th><th rowspan="2" colspan="2">检查项目</th><th colspan="2">允许偏差或允许值</th><th rowspan="2">检查方法</th></tr>
<tr><th>单位</th><th>数值</th></tr>
<tr><td rowspan="3">主控项目</td><td>1</td><td colspan="2">桩体质量检验</td><td colspan="2">按基桩检测技术规范</td><td>按基桩检测技术规范</td></tr>
<tr><td>2</td><td colspan="2">桩位偏差</td><td colspan="2">见本规范表 5.1.3</td><td>用钢尺量</td></tr>
<tr><td>3</td><td colspan="2">承载力</td><td colspan="2">按基桩检测技术规范</td><td>按基桩检测技术规范</td></tr>
<tr><td rowspan="6">一般项目</td><td rowspan="2">1</td><td rowspan="2">成品桩质量</td><td>外　观</td><td colspan="2">无蜂窝、露筋、裂缝、色感均匀、桩顶处无孔隙</td><td>直　观</td></tr>
<tr><td>桩径
管壁厚度
桩尖中心线
顶面平整度
桩体弯曲</td><td>mm
mm
mm
mm</td><td>±5
±5
<2
10
<1/1000l</td><td>用钢尺量
用钢尺量
用钢尺量
用水平尺量
用钢尺量，l 为桩长</td></tr>
<tr><td rowspan="2">2</td><td colspan="2" rowspan="2">接桩：焊缝质量
电焊结束后停歇时间
上下节平面偏差
节点弯曲矢高</td><td colspan="2">见本规范表 5.5.4-2</td><td rowspan="2">见本规范表 5.5.4-2
秒表测定
用钢尺量
用钢尺量，l 为两节桩长</td></tr>
<tr><td>min
min</td><td>>1.0
<10
<1/1000l</td></tr>
<tr><td>3</td><td colspan="2">停锤标准</td><td colspan="2">设 计 要 求</td><td>现场实测或查沉桩记录</td></tr>
<tr><td>4</td><td colspan="2">桩顶标高</td><td>mm</td><td>±50</td><td>水准仪</td></tr>
</table>

5.4 混凝土预制桩

5.4.1 桩在现场预制时，应对原材料、钢筋骨架(见表 5.4.1)、混凝土强度进行检查；采用工厂生产的成品桩时，桩进场后应进行外观及尺寸检查。

预制桩钢筋骨架质量检验标准(mm)　　表 5.4.1

项	序	检查项目	允许偏差或允许值	检查方法
主控项目	1	主筋距桩顶距离	±5	用钢尺量
	2	多节桩锚固钢筋位置	5	用钢尺量
	3	多节桩预埋铁件	±3	用钢尺量
	4	主筋保护层厚度	±5	用钢尺量
一般项目	1	主筋间距	±5	用钢尺量
	2	桩尖中心线	10	用钢尺量
	3	箍筋间距	±20	用钢尺量
	4	桩顶钢筋网片	±10	用钢尺量
	5	多节桩锚固钢筋长度	±10	用钢尺量

5.4.2 施工中应对桩体垂直度、沉桩情况、桩顶完整状况、接桩质量等进行检查,对电焊接桩,重要工程应做 10%的焊缝探伤检查。

5.4.3 施工结束后,应对承载力及桩体质量做检验。

5.4.4 对长桩或总锤击数超过 500 击的锤击桩,应符合桩体强度及 28d 龄期的两项条件才能锤击。

5.4.5 钢筋混凝土预制桩的质量检验标准应符合表 5.4.5 的规定。

钢筋混凝土预制桩的质量检验标准　　表 5.4.5

项	序	检查项目	允许偏差或允许值		检查方法
			单位	数值	
主控项目	1	桩体质量检验	按基桩检测技术规范		按基桩检测技术规范
	2	桩位偏差	见本规范表 5.1.3		用钢尺量
	3	承载力	按基桩检测技术规范		按基桩检测技术规范

续表

项	序	检查项目	允许偏差或允许值		检查方法
			单位	数值	
一般项目	1	砂、石、水泥、钢材等原材料(现场预制时)	符合设计要求		查出厂质保文件或抽样送检
	2	混凝土配合比及强度(现场预制时)	符合设计要求		检查称量及查试块记录
	3	成品桩外形	表面平整,颜色均匀,掉角深度＜10mm,蜂窝面积小于总面积0.5%		直观
	4	成品桩裂缝(收缩裂缝或起吊、装运、堆放引起的裂缝)	深度＜20mm,宽度＜0.25mm,横向裂缝不超过边长的一半		裂缝测定仪,该项在地下水有侵蚀地区及锤击数超过500击的长桩不适用
	5	成品桩尺寸: 横截面边长 桩顶对角线差 桩尖中心线 桩身弯曲矢高 桩顶平整度	 mm mm mm mm	 ±5 ＜10 ＜10 ＜1/1000l ＜2	用钢尺量 用钢尺量 用钢尺量 用水平尺量 用钢尺量,l为桩长 用水平尺量
	6	电焊接桩:焊缝质量 电焊结束后停歇时间 上下节平面偏差 节点弯曲矢高	见本规范表5.5.4-2 min min	 ＞1.0 ＜10 ＜1/1000l	见本规范表5.5.4-2 秒表测定 用钢尺量 l为两节桩长
	7	硫磺胶泥接桩: 胶泥浇注时间 浇注后停歇时间	 min min	 ＜2 ＞7	 秒表测定 秒表测定
	8	桩顶标高	mm	±50	水准仪
	9	停锤标准	设计要求		现场实测或查沉桩记录

5.5 钢　桩

5.5.1 施工前应检查进入现场的成品钢桩，成品桩的质量标准应符合本规范表 5.5.4-1 的规定。

5.5.2 施工中应检查钢桩的垂直度、沉入过程、电焊连接质量、电焊后的停歇时间、桩顶锤击后的完整状况。电焊质量除常规检查外，应做 10% 的焊缝探伤检查。

5.5.3 施工结束后应做承载力检验。

5.5.4 钢桩施工质量检验标准应符合表 5.5.4-1 及表 5.5.4-2 的规定。

成品钢桩质量检验标准　　**表 5.5.4-1**

项	序	检查项目	允许偏差或允许值		检查方法
			单位	数值	
主控项目	1	钢桩外径或断面尺寸：桩端 桩身		±0.5%D ±1D	用钢尺量，D 为外径或边长
	2	矢高		$<1/1000l$	用钢尺量，l 为桩长
一般项目	1	长度	mm	+10	用钢尺量
	2	端部平整度	mm	≤2	用水平尺量
	3	H 钢桩的方正度 $h>300$ $h<300$	mm mm	$T+T'\leqslant 8$ $T+T'\leqslant 6$	用钢尺量，h、T、T' 见图示
	4	端部平面与桩中心线的倾斜值	mm	≤2	用水平尺量

钢桩施工质量检验标准　　表 5.5.4-2

项	序	检查项目	允许偏差或允许值		检查方法
			单位	数值	
主控项目	1	桩位偏差	见本规范表 5.1.3		用钢尺量
	2	承载力	按基桩检测技术规范		按基桩检测技术规范
一般项目	1	电焊接桩焊缝： (1) 上下节端部错口 (外径≥700mm) (外径＜700mm) (2) 焊缝咬边深度 (3) 焊缝加强层高度 (4) 焊缝加强层宽度 (5) 焊缝电焊质量外观 (6) 焊缝探伤检验	mm mm mm mm mm	≤3 ≤2 ≤0.5 ≤2 ≤2	用钢尺量 用钢尺量 焊缝检查仪 焊缝检查仪 焊缝检查仪
			无气孔、无焊瘤、无裂缝		直观
			满足设计要求		按设计要求
	2	电焊结束后停歇时间	(min)	＞1.0	秒表测定
	3	节点弯曲矢高		＜1/1000l	用钢尺量，l 为两节桩长
	4	桩顶标高	mm	±50	水准仪
	5	停锤标准	设计要求		用钢尺量或沉桩记录

5.6 混凝土灌注桩

5.6.1 施工前应对水泥、砂、石子(如现场搅拌)、钢材等原材料进行检查，对施工组织设计中制定的施工顺序、监测手段(包括仪器、方法)也应检查。

5.6.2 施工中应对成孔、清渣、放置钢筋笼、灌注混凝土等进行全过程检查，人工挖孔桩尚应复验孔底持力层土(岩)性。嵌岩桩必须有桩端持力层的岩性报告。

5.6.3 施工结束后，应检查混凝土强度，并应做桩体质量及承载力的检验。

5.6.4 混凝土灌注桩的质量检验标准应符合表5.6.4-1、表5.6.4-2的规定。

5.6.5 人工挖孔桩、嵌岩桩的质量检验应按本节执行。

混凝土灌注桩钢筋笼质量检验标准(mm) **表5.6.4-1**

项	序	检查项目	允许偏差或允许值	检查方法
主控项目	1	主筋间距	±10	用钢尺量
	2	长　度	±100	用钢尺量
一般项目	1	钢筋材质检验	设计要求	抽样送检
	2	箍筋间距	±20	用钢尺量
	3	直　径	±10	用钢尺量

混凝土灌注桩质量检验标准 **表5.6.4-2**

项	序	检查项目	允许偏差或允许值		检查方法
			单位	数值	
主控项目	1	桩　位	见本规范表5.1.4		基坑开挖前量护筒,开挖后量桩中心
	2	孔　深	mm	+300	只深不浅,用重锤测,或测钻杆、套管长度,嵌岩桩应确保进入设计要求的嵌岩深度
	3	桩体质量检验	按基桩检测技术规范。如钻芯取样,大直径嵌岩桩应钻至桩尖下50cm		按基桩检测技术规范
	4	混凝土强度	设计要求		试件报告或钻芯取样送检
	5	承载力	按基桩检测技术规范		按基桩检测技术规范

续表

项	序	检查项目	允许偏差或允许值		检查方法
			单　位	数　值	
一般项目	1	垂直度	见本规范表5.1.4		测套管或钻杆，或用超声波探测，干施工时吊垂球
	2	桩　径	见本规范表5.1.4		井径仪或超声波检测，干施工时用钢尺量，人工挖孔桩不包括内衬厚度
	3	泥浆比重(粘土或砂性土中)	1.15～1.20		用比重计测，清孔后在距孔底50cm处取样
	4	泥浆面标高(高于地下水位)	m	0.5～1.0	目测
	5	沉渣厚度：端承桩 摩擦桩	mm mm	≤50 ≤150	用沉渣仪或重锤测量
	6	混凝土坍落度：水下灌注 干施工	mm mm	160～220 70～100	坍落度仪
	7	钢筋笼安装深度	mm	±100	用钢尺量
	8	混凝土充盈系数	>1		检查每根桩的实际灌注量
	9	桩顶标高	mm	+30 −50	水准仪，需扣除桩顶浮浆层及劣质桩体

6 土 方 工 程

6.1 一 般 规 定

6.1.1 土方工程施工前应进行挖、填方的平衡计算,综合考虑土方运距最短、运程合理和各个工程项目的合理施工程序等,做好土方平均调配,减少重复挖运。

土方平衡调配应尽可能与城市规划和农田水利相结合将余土一次性运到指定弃土场,做到文明施工。

6.1.2 当土方工程挖方较深时,施工单位应采取措施,防止基坑底部土的隆起并避免危害周边环境。

6.1.3 在挖方前,应做好地面排水和降低地下水位工作。

6.1.4 平整场地的表面坡度应符合设计要求,如设计无要求时,排水沟方向的坡度不应小于 2‰。平整后的场地表面应逐点检查。检查点为每 100～400m^2 取 1 点,但不应少于 10 点;长度、宽度和边坡均为每 20m 取 1 点,每边不应少于 1 点。

6.1.5 土方工程施工,应经常测量和校核其平面位置、水平标高和边坡坡度。平面控制桩和水准控制点应采取可靠的保护措施,定期复测和检查。土方不应堆在基坑边缘。

6.1.6 对雨季和冬季施工还应遵守国家现行有关标准。

6.2 土 方 开 挖

6.2.1 土方开挖前应检查定位放线、排水和降低地下水位系统,合理安排土方运输车的行走路线及弃土场。

6.2.2 施工过程中应检查平面位置、水平标高、边坡坡度、压实度、排水、降低地下水位系统,并随时观测周围的环境变化。

6.2.3 临时性挖方的边坡值应符合表 6.2.3 的规定。

临时性挖方边坡值 **表 6.2.3**

土的类别		边坡值(高:宽)
砂土(不包括细砂、粉砂)		1:1.25~1:1.50
一般性粘土	硬	1:0.75~1:1.00
	硬、塑	1:1.00~1:1.25
	软	1:1.50或更缓
碎石类土	充填坚硬、硬塑粘性土	1:0.50~1:1.00
	充填砂土	1:1.00~1:1.50

注:1. 设计有要求时,应符合设计标准。
2. 如采用降水或其他加固措施,可不受本表限制,但应计算复核。
3. 开挖深度,对软土不应超过4m,对硬土不应超过8m。

6.2.4 土方开挖工程的质量检验标准应符合表6.2.4的规定

土方开挖工程质量检验标准(mm) **表 6.2.4**

项	序	项目	允许偏差或允许值					检验方法
			柱基基坑基槽	挖方场地平整		管沟	地(路)面基层	
				人工	机械			
主控项目	1	标高	-50	±30	±50	-50	-50	水准仪
	2	长度、宽度(由设计中心线向两边量)	+200 -50	+300 -100	+500 150	+100	–	经纬仪,用钢尺量
	3	边坡	设计要求					观察或用坡度尺检查
一般项目	1	表面平整度	20	20	50	20	20	用2m靠尺和楔形塞尺检查
	2	基底土性	设计要求					观察或土样分析

注:地(路)面基层的偏差只适用于直接在挖、填方上做地(路)面的基层。

6.3 土 方 回 填

6.3.1 土方回填前应清除基底的垃圾、树根等杂物,抽除坑穴积水、淤泥,验收基底标高。如在耕植土或松土上填方,应在基底压实后再进行。

6.3.2 对填方土料应按设计要求验收后方可填入。

6.3.3 填方施工过程中应检查排水措施,每层填筑厚度、含水量控制、压实程度。填筑厚度及压实遍数应根据土质,压实系数及所用机具确定。如无试验依据,应符合表6.3.3的规定。

填土施工时的分层厚度及压实遍数　　表6.3.3

压实机具	分层厚度(mm)	每层压实遍数
平　碾	250～300	6～8
振动压实机	250～350	3～4
柴油打夯机	200～250	3～4
人工打夯	<200	3～4

6.3.4 填方施工结束后,应检查标高、边坡坡度、压实程度等,检验标准应符合表6.3.4的规定。

填土工程质量检验标准(mm)　　表6.3.4

<table>
<tr><th rowspan="3">项</th><th rowspan="3">序</th><th rowspan="3">项　目</th><th colspan="5">允许偏差或允许值</th><th rowspan="3">检验方法</th></tr>
<tr><th rowspan="2">柱基基坑基槽</th><th colspan="2">场地平整</th><th rowspan="2">管沟</th><th rowspan="2">地(路)面基层</th></tr>
<tr><th>人工</th><th>机械</th></tr>
<tr><td rowspan="2">主控项目</td><td>1</td><td>标高</td><td>-50</td><td>±30</td><td>±50</td><td>-50</td><td>-50</td><td>水准仪</td></tr>
<tr><td>2</td><td>分层压实系数</td><td colspan="5">设计要求</td><td>按规定方法</td></tr>
<tr><td rowspan="3">一般项目</td><td>1</td><td>回填土料</td><td colspan="5">设计要求</td><td>取样检查或直观鉴别</td></tr>
<tr><td>2</td><td>分层厚度及含水量</td><td colspan="5">设计要求</td><td>水准仪及抽样检查</td></tr>
<tr><td>3</td><td>表面平整度</td><td>20</td><td>20</td><td>30</td><td>20</td><td>20</td><td>用靠尺或水准仪</td></tr>
</table>

7 基 坑 工 程

7.1 一 般 规 定

7.1.1 在基坑(槽)或管沟工程等开挖施工中,现场不宜进行放坡开挖,当可能对邻近建(构)筑物、地下管线、永久性道路产生危害时,应对基坑(槽)、管沟进行支护后再开挖。

7.1.2 基坑(槽)、管沟开挖前应做好下述工作:

1 基坑(槽)、管沟开挖前,应根据支护结构形式、挖深、地质条件、施工方法、周围环境、工期、气候和地面载荷等资料制定施工方案、环境保护措施、监测方案,经审批后方可施工。

2 土方工程施工前,应对降水、排水措施进行设计,系统应经检查和试运转,一切正常时方可开始施工。

3 有关围护结构的施工质量验收可按本规范第4章、第5章及本章7.2、7.3、7.4、7.6、7.7的规定执行,验收合格后方可进行土方开挖。

7.1.3 土方开挖的顺序、方法必须与设计工况相一致,半遵循"开槽支撑,先撑后挖,分开挖,严禁超挖"的原则。

7.1.4 基坑(槽)、管沟的挖土应分层进行。在施工过程中基坑(槽)、管沟边堆置土方不应超过设计荷载,挖方时不应碰撞或操作支护结构、降水设施。

7.1.5 基坑(槽)、管沟土方施工中应对支护结构、周围环境进行观察和监测,如出现异常情况应及时处理,待恢复正常后方可继续施工。

7.1.6 基坑(槽)、管沟开挖至设计标高后,应对坑底进行保护,经验槽合格后,方可进行垫层施工。对特大型基坑,宜分区分块挖至设计标高,分区分块及时浇筑垫层。必要时,可加强垫层。

7.1.7 基坑(槽)、管沟土方工程验收必须确保支护结构安全和周围环境安全为前提。当设计有指标时,以设计要求为依据,如无设计指标时应按表7.1.7的规定执行。

基坑变形的监控值(cm) **表7.1.7**

基坑类别	围护结构墙顶位移监控值	围护结构墙体最大位移监控值	地面最大沉降监控值
一级基坑	3	5	3
二级基坑	6	8	6
三级基坑	8	10	10

注:1. 符合下列情况之一,为一级基坑:
① 重要工程或支护结构做主体结构的一部分;
② 开挖深度大于10m;
③ 与临近建筑物,重要设施的距离在开挖深度以内的基坑;
④ 基坑范围内有历史文物、近代优秀建筑、重要管线等需严重加保护的基坑。
2. 三级基坑为开挖深度小于7m,且周围环境无特别要求时的基坑。
3. 除一级和三外的基坑属二级基坑。
4. 当周围已有的设施有特殊要求时,尚应符合这些要求。

7.2 排桩墙支护工程

7.2.1 排桩墙支护结构包括灌注桩、预制桩、板桩等类型桩构成的支护结构。

7.2.2 灌注桩、预制桩的检验标准应符合本规范第5章的规定。钢板桩均为工厂成品,新桩可按出厂标准检验,重复使用的钢板桩应符合表7.2.2-1的规定,混凝土板桩应符合表7.2.2-2的规定。

重复使用的钢板桩检验标准 **表7.2.2-1**

序	检查项目		允许偏差或允许值		检查方法
			单位	数值	
1	桩垂直度	%	<1		用钢尺量
2	桩身弯曲度		<2% *l*		用钢尺量,*l*为桩长
3	齿槽平直度及光滑度		无电焊渣或毛刺		用1m长的桩段做通过试验
4	桩长度		不小于设计长度		用钢尺量

混凝土板桩制作标准 **表 7.2.2-2**

项	序	检查项目	允许偏差或允许值		检查方法
			单位	数值	
主控项目	1	桩长度	mm	+10 0	用钢尺量
	2	桩身弯曲度		<0.1%l	用钢尺量,l 为桩长
一般项目	1	保护层厚度	mm	±5	用钢尺量
	2	模截面相对两面之差	mm	5	用钢尺量
	3	桩尖对桩轴线的位移	mm	10	用钢尺量
	4	桩厚度	mm	+10 0	用钢尺量
	5	凹凸槽尺寸	mm	±3	用钢尺量

7.2.3 排桩墙支护的基坑,开挖后应及时支护,每一道支撑施工应确保基坑变形在设计要求的控制范围内。

7.2.4 在含水地层范围内的排桩墙支护基坑,应有确实可靠的止水措施,确保基坑施工及邻近构筑物的安全。

7.3 水泥土桩墙支护工程

7.3.1 水泥土墙支护结构指水泥土搅拌桩(包括加筋水泥土搅拌桩)、高压喷射注浆桩所构成的围护结构。

7.3.2 水泥土搅拌桩及高压喷射注浆桩的质量检验应满足本规范第 4 章 4.10、4.11 的规定。

7.3.3 加筋水泥土桩应符合表 7.3.3 的规定。

加筋水泥土桩质量检验标准 **表 7.3.3**

序	检查项目	允许偏差或允许值		检查方法
		单位	数值	
1	型钢长度	mm	±10	用钢尺量
2	型钢垂直度	%	<1	用经纬仪
3	型钢插入标高	mm	±30	水准仪
4	型钢插入平面位置	mm	10	用钢尺量

7.4 锚杆及土钉墙支护工程

7.4.1 锚杆及土钉墙支护工程施工前应熟悉地质资料、设计图纸及周围环境,降水系统应确保正常工作,必须的施工设备如挖掘机、钻机、压浆泵、搅拌机等应能正常运转。

7.4.2 一般情况下,应遵循分段开挖、分段支护的原则,不宜按一次挖就再行支护的方式施工。

7.4.3 施工中应对锚杆或土钉位置,钻孔直径、深度及角度,锚杆或土钉插入长度,注浆配比、压力及注浆量,喷锚墙面厚度及强度、锚杆或土钉应烽等进行检查。

7.4.4 每段支护体施工完后,应检查坡顶或坡面位移,坡顶沉降及周围环境变化,如有异常情况应采取措施,恢复正常后方可继续施工。

7.4.5 锚杆及土钉墙支护工程质量检验应符合表7.4.5的规定。

锚杆及土钉墙支护工程质量检验标准　　表7.4.5

项	序	检查项目	允许偏差或允许值		检查方法
			单位	数值	
主控项目	1	锚杆土钉长度	mm	±30	用钢尺量
	2	锚杆锁定力	设计要求		现场实测
一般项目	1	锚杆或土钉位置	mm	±100	用钢尺量
	2	钻孔倾斜度	°	±1	测钻机倾角
	3	浆体强度	设计要求		试样送检
	4	注浆量	大于理论计算浆量		检查计量数据
	5	土钉墙面厚度	mm	±10	用钢尺量
	6	墙体强度	设计要求		试样送检

7.5 钢或混凝土支撑系统

7.5.1 支撑系统包括围囹及支撑,当支撑较长时(一般超过15m),还包括支撑下的立柱及相应的立柱桩。

7.5.2 施工前应熟悉支撑系统的图纸及各种计算工况，掌握开挖及支撑设置的方式、预顶力及周围环境保护的要求。

7.5.3 施工过程中应严格控制开挖和支撑的程序及时间，对支撑的位置（包括立柱及立柱桩的位置）、每层开挖深度、预加顶力（如需要时）、钢围囹与围护体或支撑与围囹的密贴度应做周密检查。

7.5.4 全部支撑安装结束后，仍应维持整个系统的正常运转直至支撑全部拆除。

7.5.5 作为永久性结构的支撑系统尚应符合现行国家标准《混凝土结构工程施工质量验收规范》GB 50204 的要求。

7.5.6 钢或混凝土支撑系统工程质量检验标准应符合表 **7.5.6** 的规定。

钢及混凝土支撑系统工程质量检验标准 表 **7.5.6**

项	序	检查项目	允许偏差或允许值		检查方法
			单位	数量	
主控项目	1	支撑位置：标高 平面	mm mm	30 100	水准仪 用钢尺量
主控项目	2	预加顶力	kN	±50	油泵读数或传感器
一般项目	1	围囹标高	mm	30	水准仪
一般项目	2	立柱桩	参见本规范第 5 章		参见本规范第 5 章
一般项目	3	立柱位置：标高 平面	mm mm	30 50	水准仪 用钢尺量
一般项目	4	开挖超深（开槽放支撑不在此范围）	mm	<200	水准仪
一般项目	5	支撑安装时间	设计要求		用钟表估测

7.6 地下连续墙

7.6.1 地下连续墙均应设置导墙，导墙形式有预制及现浇两种，现浇导墙形状有“L”形或倒“L”形，可根据不同土质使用。

7.6.2 地下墙施工前宜先试成槽，以检验泥浆的配比、成槽机的选型并可复核地质资料。

7.6.3 作为永久结构的地下连续墙,其抗渗质量标准可按现行国家标准《地下防水工程施工质量验收规范》GB 50208 执行。

7.6.4 地下墙槽段间的连续接头形式,应根据地下墙的使用要求选用,且应考虑施工单位的经验,无论选用何种接头,在浇注混凝土前,接头处必须刷洗干净,不留任何泥砂或污物。

7.6.5 地下墙与地下室结构顶板、楼板、底板及梁之间连接可预埋钢筋或接驳器(锥螺纹或直螺纹),对接驳器也应按原材料检验要求,抽样复验。数量每 500 套为一个检验批,每批应抽查 3 件,复验内容为外观、尺寸、抗拉试验等。

7.6.6 施工前应检验进场的钢材、电焊条。已完工的导墙应检查其净空尺寸,墙面平整度与垂直度。检查泥浆用的仪器、泥浆循环系统应完好。地下连续墙应用商品混凝土。

7.6.7 施工中应检查成槽的垂直度、槽底的淤积物厚度、泥浆比重、钢筋笼尺寸、浇注导管位置、混凝土上升速度、浇注面标高、地下墙连接面的清洗程度、商品混凝土的坍落度、锁口管或接头箱的拔出时间及速度等。

7.6.8 成槽结束后应对成槽的宽度、深度及倾斜度进行检验,重要结构每段槽段都应检查,一般结构可抽查总槽段数的 20%,每槽段应抽查 1 个段面。

7.6.9 永久性结构的地下墙,在钢筋笼沉放后,应做二次清孔,沉渣厚度应符合要求。

7.6.10 每 $50m^3$ 地下墙应做 1 组试件,每幅槽段不得少于 1 组,在强度满足设计要求后方可开挖土方。

7.6.11 作为永久性结构的地下连续墙,土方开挖后应进行逐段检查,钢筋混凝土底板也应符合现行国家标准《混凝土结构工程施工质量验收规范》GB 50204 的规定。

7.6.12 地下墙的钢筋笼检验标准应符合本规范表 5.6.4-1 的规定。其他标准应符合表 7.6.12 的规定。

地下墙质量检验标准 表 7.6.12

<table>
<tr><th rowspan="2">项</th><th rowspan="2">序</th><th rowspan="2" colspan="2">检查项目</th><th colspan="2">允许偏差或允许值</th><th rowspan="2">检查方法</th></tr>
<tr><th>单位</th><th>数值</th></tr>
<tr><td rowspan="2">主控项目</td><td>1</td><td colspan="2">墙体强度</td><td colspan="2">设计要求</td><td>查试件记录或取芯试压</td></tr>
<tr><td>2</td><td colspan="2">垂直度:永久结构
临时结构</td><td></td><td>1/300
1/150</td><td>测声波测槽仪或成槽机上的监测系统</td></tr>
<tr><td rowspan="9">一般项目</td><td rowspan="3">1</td><td rowspan="3">导墙尺寸</td><td>宽度</td><td>mm</td><td>W+40</td><td>用钢尺量,W为地下墙设计厚度</td></tr>
<tr><td>墙面平整度</td><td>mm</td><td><5</td><td>用钢尺量</td></tr>
<tr><td>导墙平面位置</td><td>mm</td><td>±10</td><td>用钢尺量</td></tr>
<tr><td>2</td><td colspan="2">沉渣厚度:永久结构
临时结构</td><td>mm
mm</td><td>≤100
≤200</td><td>重锤测或沉积物测定仪测</td></tr>
<tr><td>3</td><td colspan="2">槽深</td><td>mm</td><td>+100</td><td>重锤测</td></tr>
<tr><td>4</td><td colspan="2">混凝土坍落度</td><td>mm</td><td>180~220</td><td>坍落度测定器</td></tr>
<tr><td>5</td><td colspan="2">钢筋笼尺寸</td><td colspan="2">见本规范表 5.6.4-1</td><td>见本规范表 5.6.4-1</td></tr>
<tr><td>6</td><td>地下墙表面平整度</td><td>永久结构
临时结构
插入式结构</td><td>mm
mm
mm</td><td><100
<150
<20</td><td>此为均匀粘土层,松散及易坍土层由设计决定</td></tr>
<tr><td>7</td><td>永久结构时的预埋件位置</td><td>水平向
垂直向</td><td>mm
mm</td><td>≤10
≤20</td><td>用钢尺量
水准仪</td></tr>
</table>

7.7 沉井与沉箱

7.7.1 沉井是下沉结构,必须掌握确凿的地质资料,钻孔可按下述要求进行:

1 面积在 $200m^2$ 以下(包括 $200m^2$)的沉井(箱),应有一个钻孔(可布置在中心位置)。

2 面积在 $200m^2$ 以上的沉井(箱),在四角(圆形为相互垂直的两直径端点)应各布置一个钻孔。

3 特大沉井(箱)可根据具体情况增加钻孔。

4 钻孔底标高应深于沉井的终沉标高。

5 每座沉井(箱)应有一个钻孔提供土的各项物理力学指标、地下水位和地下水含量资料。

7.7.2 沉井(箱)的施工应由具有专业施工经验的单位承担。

7.7.3 沉井制作时,承垫木或砂垫层的采用,与沉井的结构情况、地质条件、制作高度等有关。无论采用何种型式,均应有沉井制作时的稳定计算及措施。

7.7.4 多次制作和下沉的沉井(箱),在每次制作接高时,应对下卧层作稳定复核计算,并确定确保沉井接高的稳定措施。

7.7.5 沉井采用排水封底,应确保终沉时,井内不发生管涌、涌土及沉井止沉稳定。如不能保证时,应采用水下封底。

7.7.6 沉井施工除应符合本规范规定外,尚应符合现行国家标准《混凝土结构工程施工质量验收规范》GB 50204 及《地下防水工程施工质量验收规范》GB 50208 的规定。

7.7.7 沉井(箱)在施工前应对钢筋、电焊条及焊接成形的钢筋半成品进行检验。如不用商品混凝土,则应对现场的水泥、骨料做检验。

7.7.8 混凝土浇注前,应对模板尺寸、预埋件位置、模板的密封性进行检验。拆模后应检查浇注质量(外观及强度),符合要求后方可下沉。浮运沉井尚需做起浮可能性检查。下沉过程中应对下沉偏差做过程控制检查。下沉后的接高应对地基强度、沉井的稳定做检查。封底结束后,应对底板的结构(有无裂缝)及渗漏做检查。有关渗漏验收标准应符合现行国家标准《地下防水工程施工质量验收规范》GB 50208 的规定。

7.7.9 沉井(箱)竣工后的验收应包括沉井(箱)的平面位置、终端标高、结构完整性、渗水等进行综合检查。

7.7.10 沉井(箱)的质量检验标准应符合表 7.7.10 的要求。

沉井(箱)的质量检验标准 **表 7.7.10**

项	序	检查项目	允许偏差或允许值 单位	允许偏差或允许值 数值	检查方法
主控项目	1	混凝土强度	满足设计要求(下沉前必须达到 70%设计强度)		查试件记录或抽样送检
主控项目	2	封底前,沉井(箱)的下沉稳定	mm/8h	<10	水准仪
主控项目	3	封底结束后的位置:			
		刃脚平均标高(与设计标高比)	mm	<100	水准仪
		刃脚平面中心线位移	mm	<1%H	经纬仪,H 为下沉总深度,H<10m 时,控制在 100mm 之内
		四角中任何两角的底面高差	mm	<1%l	水准仪,l 为两角的距离,但不超过 300mm,l<10m 时,控制在 100mm 之内
一般项目	1	钢材、对接钢筋、水泥、骨料等原材料检查	符合设计要求		查出厂质保书或抽样送检
一般项目	2	结构体外观	无裂缝,无风窝、空洞,不露筋		直观
一般项目	3	平面尺寸:			
		长与宽	%	±0.5	用钢尺量,最大控制在 100mm 之内
		曲线部分半径	%	±0.5	用钢尺量,最大控制在 50mm 之内
		两对角线差	%	1.0	用钢尺量
		预埋件	mm	20	用钢尺量
一般项目	4	下沉过程中的偏差:高差	%	1.5~2.0	水准仪,但最大不超过 1m
		下沉过程中的偏差:平面轴线		<1.5%H	经纬仪,H 为下沉深度,最大应控制在 300mm 之内,此数值不包括高差引起的中线位移
一般项目	5	封底混凝土坍落度	cm	18~22	坍落度测定器

注:主控项目 3 的三项偏差可同时存在,下沉总深度,系指下沉前后刃脚之高差。

7.8 降水与排水

7.8.1 降水与排水是配合基坑开挖的安全措施，施工前应有降水与排水设计。当地基坑外降水时，应有降水范围的估算，对重要建筑物或公共设施在降水过程中应监测。

7.8.2 对不同的土质应用不同的降水形式，表7.8.2为常用的降水形式。

降水类型及适用条件　　表7.8.2

适用条件 / 降水类型	渗透系数(cm/s)	可能降低的水位深度(m)
轻型井点 多级轻型井点	$10^{-2}\sim10^{-5}$	3~6 6~12
喷射井点	$10^{-3}\sim10^{-6}$	8~20
电渗井点	$<10^{-6}$	宜配合其他形式降水使用
深井井管	$\geqslant10^{-5}$	>10

7.8.3 降水系统施工完后，应试运转，如发现井管失效，应采取措施使其恢复正常，如无可能恢复则应报废，另行设置新的井管。

7.8.4 降水系统运转过程中应随时检查观测孔中的水位。

7.8.5 基坑内明排水应设置排水沟及集水井，排水沟纵坡宜控制在1‰~2‰。

7.8.6 降水与排水施工的质量检验标准应符合表7.8.6的规定。

降水与排水施工质量检验标准　　表7.8.6

序	检查项目	允许值或允许偏差		检查方法
		单位	数值	
1	排水沟坡度	‰	1~2	目测：坑内不积水，沟内排水畅通
2	井管(点)垂直度	%	1	插管时目测
3	井管(点)间距(与设计相比)	%	≤150	用钢尺量

续表

序	检查项目	允许值或允许偏差		检查方法
		单位	数值	
4	井管(点)插入深度(与设计相比)	mm	≤200	水准仪
5	过滤砂砾料填灌(与计算值相比)	mm	≤5	检查回填料用量
6	井点真空度：轻型井点 喷射井点	kPa kPa	>60 >93	真空度表 真空度表
7	电渗井点阴阳极距离： 轻型井点 喷射井点	mm mm	80～100 120～150	用钢尺量 用钢尺量

8 分部(子分部)工程质量验收

8.0.1 分项工程、分部(子分部)工程质量的验收,均应在施工单位自检合格的基础上进行。施工单位确认自检合格后提出工程验收申请,工程验收时应提供下列技术文件和记录:

1 原材料的质量合格证和质量鉴定文件;

2 半成品如预制桩、钢桩、钢筋笼等产品合格证书;

3 施工记录及隐蔽工程验收文件;

4 检测试验及见证取样文件;

5 其他必须提供的文件或记录。

8.0.2 对隐蔽工程应进行中间验收。

8.0.3 分部(子分部)工程验收应由总监理工程师或建设单位项目负责人组织勘察、设计单位及施工单位的项目负责人、技术质量负责人,共同按设计要求和本规范及其他有关规定进行。

8.0.4 验收工作应按下列规定进行:

1 分项工程的质量验收应分别按主控项目和一般项目验收;

2 隐蔽工程应在施工单位自检合格后,于隐蔽前通知有关人员检查验收,并形成中间验收文件;

3 分部(子分部)工程的验收,应在分项工程通过验收的基础上,对必要的部位进行见证检验。

8.0.5 主控项目必须符合验收标准规定,发现问题应立即处理直至符合要求,一般项目应有80%合格。混凝土试件强度评定不合格或对试件的代表性有怀疑时,应采用钻芯取样,检测结构符合设计要求可按合格验收。

附录A 地基与基础施工勘察要点

A.1 一 般 规 定

A.1.1 所有建(构)筑物均应进行施工验槽。遇到下列情况之一时,应进行专门的施工勘察。

1 工程地质条件复杂,详勘阶段难以查清时;

2 开挖基槽发现土质、土层结构与勘察资料不符时;

3 施工中边坡失稳,需查明原因,进行观察处理时;

4 施工中,地基土受扰动,需查明其性状及工程性质时;

5 为地基处理,需进一步提供勘察资料时;

6 建(构)筑物有特殊要求,或在施工时出现新的岩土工程地质问题时。

A.1.2 施工勘察应针对需要解决的岩土工程问题布置工作量,勘察方法可根据具体情况选用施工验槽、钻探取样和原位测试等。

A.2 天然地基基础基槽检验要点

A.2.1 基槽开挖后,应检验下列内容:

1 核对基坑的位置、平面尺寸、坑底标高;

2 核对基坑土质和地下水情况;

3 空穴、古墓、古井、防空掩体及地下埋设物的位置、深度、性状。

A.2.2 在进行直接观察时,可用袖珍式贯入仪作为辅助手段。

A.2.3 遇到下列情况之一时,应在基坑底普遍进行轻型动力触探:

1 持力层明显不均匀;

2 浅部有软弱下卧层;

3 有浅埋的坑穴、古墓、古井等,直接观察难以发现时;

4 勘察报告或设计文件规定应进行轻型动力触探时。

A.2.4 采用轻型动力触探进行基槽检验时,检验深度及间距按表 A.2.4 执行:

轻型动力触探检验深度及间距表(m) **表 A.2.4**

排列方式	基槽宽度	检验深度	检验间距
中心一排	<0.8	1.2	1.0～1.5m 视地层复杂情况定
两排错开	0.8～2.0	1.5	
梅花型	>2.0	2.1	

A.2.5 遇下列情况之一时,可不进行轻型动力触探:

1 基坑不深处有承压水层,触探可造成冒水涌砂时;

2 持力层为砾石层或卵石层,且其厚度符合设计要求时。

A.2.6 基槽检验应填写验槽记录或检验报告。

A.3 深基础施工勘察要点

A.3.1 当预制打入桩、静力压桩或锤击沉管灌注桩的入土深度与勘察资料不符或对桩端下卧层有怀疑时,应该查桩端下主要受力层范围内的标准贯入击数和岩土工程性质。

A.3.2 在单柱单桩的大直径桩施工中,如发现地层变化异常或怀疑持力层可能存在破碎带或溶洞等情况时,应对其分布、性质、程度进行核查,评价其对工程安全的影响程度。

A.3.3 人工挖孔混凝土灌注桩应逐孔进行持力层岩土性质的描述及鉴别,当发现与勘察资料不符时,应对异常之处进行施工勘察,重新评价,并提供处理的技术措施。

A.4 地基处理工程施工勘察要点

A.4.1 根据地基处理方案,对勘察资料中场地工程地质及水文地质条件进行核查和补充;对详勘阶段遗留问题或地基处理设计中的特殊要求进行有针对性的勘察,提供地基处理所需的岩土工程设计参数，评价现场施工条件及施工对环境的影响。

A.4.2 当地基处理施工中发生异常情况时，进行施工勘察，查明原因，为调整、变更设计方案提供岩土工程设计参数，并提供处理的技术措施。

A.5 施工勘察报告

A.5.1 施工勘察报告应包括下列主要内容：

1 工程概况；

2 目的和要求；

3 原因分析；

4 工程安全性评价；

5 处理措施及建议。

附录B　塑料排水带的性能

B.0.1　不同型号塑料排水带的厚度应符合表B.0.1。

不同型号塑料排水带的厚度(mm)　　　**表B.0.1**

型　号	A	B	C	D
厚　度	>3.5	>4.0	>4.5	>6

B.0.2　塑料排水带的性能应符合表B.0.2。

塑料排水带的性能　　　**表B.0.2**

<table>
<tr><th colspan="2">项　目</th><th>单　位</th><th>A　型</th><th>B　型</th><th>C　型</th><th>条　件</th></tr>
<tr><td colspan="2">纵向通水量</td><td>cm^3/s</td><td>≥15</td><td>≥25</td><td>≥40</td><td>侧 压 力</td></tr>
<tr><td colspan="2">滤膜渗透系数</td><td>cm/s</td><td colspan="3">$\geqslant 5\times10^{-4}$</td><td>试件在水中浸泡24h</td></tr>
<tr><td colspan="2">滤膜等效孔径</td><td>μm</td><td colspan="3"><75</td><td>以D_{98}计,D为孔径</td></tr>
<tr><td colspan="2">复合体抗拉强度(干态)</td><td>kN/10cm</td><td>≥1.0</td><td>≥1.3</td><td>≥1.5</td><td>延伸率10%时</td></tr>
<tr><td rowspan="2">滤膜抗拉强度</td><td>干　态</td><td rowspan="2">N/cm</td><td>≥15</td><td>≥25</td><td>≥30</td><td>延伸率10%时</td></tr>
<tr><td>湿　态</td><td>≥10</td><td>≥20</td><td>≥25</td><td>延伸率15%时,试件在水中浸泡24h</td></tr>
<tr><td colspan="2">滤膜重度</td><td>N/m^2</td><td>—</td><td>0.8</td><td>—</td><td></td></tr>
</table>

注:1. A型排水带适用于插入深度小于15m。
　　2. B型排水带适用于插入深度小于25m。
　　3. C型排水带适用于插入深度小于35m。

附录二 相关规范摘录

1. 建筑地基基础设计规范

附录C 浅层平板荷载试验要点

C.0.1 地基土浅层平板载荷试验可适用于确定浅部地基土层的承压板下应力主要影响范围内的承载力。承压板面积不应小于0.25m²,对于软土不应小于0.5m²。

C.0.2 试验基坑宽度不应小于承压板宽度或直径的三倍。应保持试验土层的原状结构和天然湿度。宜在拟试压表面用粗砂或中砂层找平,其厚度不超过20mm。

C.0.3 加荷分级不应少于8级。最大加载量不应小于设计要求的两倍。

C.0.4 每级加载后,按间隔10、10、10、15、15min,以后为每隔半小时测读一次沉降量,当在连续两小时内,每小时的沉降量小于0.1mm时,则认为已趋稳定,可加下一级荷载。

C.0.5 当出现下列情况之一时,即可终止加载:

1 承压板周围的土明显地侧向挤出;

2 沉降 s 急骤增大,荷载~沉降(p~s)曲线出现陡降段;

3 在某一级荷载下,24h内沉降速率不能达到稳定;

4 沉降量与承压板宽度或直径之比大于或等于0.06。

当满足前三种情况之一时,其对应的前一级荷载定为极限荷载。

C.0.6 承载力特征值的确定应符合下列规定:

1 当 p~s 曲线上有比例界限时,取该比例界限所对应的荷载值;

2 当极限荷载小于对应比例界限的荷载值的2倍时,取极限荷载值的一半；

3 当不能按上述二款要求确定时，当压板面积为0.25～0.50m^2，可取 $s/b=0.01\sim0.015$ 所对应的荷载，但其值不应大于最大加载量的一半。

C.0.7 同一土层参加统计的试验点不应少于三点，当试验实测值的极差不超过其平均值的30%时，取此平均值作为该土层的地基承载力特征值 f_{ak}。

附录D　深层平板荷载试验要点

D.0.1　深层平板载荷试验可适用于确定深部地基土层及大直径桩桩端土层在承压板下应力主要影响范围内的承载力。

D.0.2　深层平板载荷试验的承压板采用直径为0.8m的刚性板，紧靠承压板周围外侧的土层高度应少于80cm。

D.0.3　加荷等级可按预估极限承载力的1/10～1/15分级施加。

D.0.4　每级加荷后，第一个小时内按间隔10、10、10、15、15min，以后为每隔半小时测读一次沉降。当在连续两小时内，每小时的沉降量小于0.1mm时，则认为已趋稳定，可加下一级荷载。

D.0.5　当出现下列情况之一时，可终止加载：

1　当降 s 急骤增大，荷载～沉降（$p \sim s$）曲线上有可判定极限承载力的陡降段，且沉降量超过 $0.04d$（d 为承压板直径）；

2　在某级荷载下，24h内沉降速率不能达到稳定；

3　本级沉降量大于前一级沉降量的5倍；

4　当持力层土层坚硬，沉降量很小时，最大加载量不小于设计要求的2倍。

D.0.6　承载力特征值的确定应符合下列规定：

1　当 $p \sim s$ 曲线上有比例界限时，取该比例界限所对应的荷载值；

2　满足前三条终止加载条件之一时，其对应的前一级荷载定为极限荷载，当该值小于对应比例界限的荷载值的2倍时，取极限荷载值的一半；

3　不能按上述二款要求确定时，可取 $s/d = 0.01 \sim 0.015$ 所对应的荷载值，但其值不应大于最大加载量的一半。

D.0.7　同一土层参加统计的试验点不应少于三点，当试验实测值的极差不超过平均值的30%时,取此平均值作为该土层的地基承载力特征值 f_{ak}。

附录H 岩基荷载试验要点

H.0.1 本附录适用于确定完整、较完整、较破碎岩基作为天然地基或桩基础持力层时的承载力。

H.0.2 采用圆形刚性承压板,直径为300mm。当岩石埋藏深度较大时,可采用钢筋混凝土桩,但桩周需采取措施以消除桩身与土之间的摩擦力。

H.0.3 测量系统的初始稳定读数观测:加压前,每隔10min读数一次,连续三次读数不变可开始试验。

H.0.4 加载方式:单循环加载,荷载逐级递增直到破坏,然后分级卸载。

H.0.5 荷载分级:第一级加载值为预估设计荷载的1/5,以后每级为1/10。

H.0.6 沉降量测读:加载后立即读数,以后每10min读数一次。

H.0.7 稳定标准:连续三次读数之差均不大于0.01mm。

H.0.8 终止加载条件:当出现下述现象之一时,即可终止加载:

1 沉降量读数不断变化,在24h内,沉降速率有增大的趋势;

2 压力加不上或勉强加上而不能保持稳定。

注:若限于加载能力,荷载也应增加到不少于设计要求的两倍。

H.0.9 卸载观测:每级卸载为加载时的两倍,如为奇数,每一级可为三倍。每级卸载后,隔10min测读一次,测读三次后可卸下一级荷载。全部卸载后,当测读到半小时回弹量小于0.01mm时,即认为稳定。

H.0.10 岩石地基承载力的确定

1 对应于 $p \sim s$ 曲线上起始直线段的终点为比例界限。符合终止加载条件的前一级荷载为极限荷载。将极限荷载除以3的安全系数,所得值与对应于比例界限的荷载相比较,取小值;

2 每个场地载荷试验的数量不应少于3个,取最小值作为岩石地基承载力特征值。

3 岩石地基承载力不进行深宽修正。

附录M 岩石锚杆抗拔试验要点

M.0.1 在同一场地同一岩层中的锚杆,试验数不得少于总锚杆的5%,且不应少于6根。

M.0.2 试验采用分级加载,荷载分级不得少于8级。试验的最大加载量不应少于锚杆设计荷载的2倍。

M.0.3 每级荷载施加完毕后,应立即测读位移量。以后每间隔5min测读一次。连续4次测读出的锚杆拔升值均小于0.01mm时,认为在该级荷载下的位移已达到稳定状态,可继续施加下级上拔荷载。

M.0.4 当出现下列情况之一时,即可终止锚杆的上拔试验:

1 锚杆拔升量持续增长,且在1h时间范围内未出现稳定的迹象;

2 新增加的上拔力无法施加,或者施加后无法使上拔力保持稳定;

3 锚杆的钢筋已被拔断,或者锚杆锚筋被拔出。

M.0.5 符合上述终止条件的前一级拔升荷载,即为该锚杆的极限抗拔力。

M.0.6 参加统计的试验锚杆,当满足其极差不超过平均值的30%时,可取其平均值为锚杆极限承载力。极差超过平均值的30%时,宜增加试验量并分析离差过大的原因,结合工程情况确定极限承载力。

将锚杆极限承载力除以安全系数2为锚杆抗拔承载力特征值R_t。

M.0.7 锚杆钻孔时,应利用钻孔取出的岩芯加工成标准试件,在天然湿度条件下进行岩石单轴抗压试验。每根试验锚杆的试样数,不得少于3个。

M.0.8 试验结束后,必须对锚杆试验现场的破坏情况进行详尽的描述和拍摄照片。

附录Q　单桩竖向静载荷试验要点

Q.0.1　单桩竖向静载荷试验的加载方式，应按慢速维持荷载法。

Q.0.2　加载反力装置宜采用锚桩，当采用堆载时应遵守以下规定。

1　堆载加于地基的压应力不宜超过地基承载力特征值。

2　堆载的限值可根据其对试桩和对基准桩的影响确定。

3　堆载量大时，宜利用桩（可利用工程桩）作为堆载的支点。

4　试验反力装置的最大抗拔或承重能力应满足试验加载的要求。

Q.0.3　试桩、锚桩（压重平台支座）和基准桩之间的中心距离应符合表 Q.0.3 的规定。

试桩、锚桩和基准桩之间的中心距离　　　表 Q.0.3

反力系统	试桩与锚桩（或压重平台支座墩边）	试桩与基准桩	基准桩与锚桩（或压重平台支座墩边）
锚桩横梁反力装置 压重平台反力装置	$\geqslant 4d$ 且 >2.0m	$\geqslant 4d$ 且 >2.0m	$\geqslant 4d$ 且 >2.0m

注：d——试桩或锚桩的设计直径，取其较大者（如试桩或锚桩为扩底桩时，试桩与锚桩的中心距尚不应小于 2 倍扩大端直径）。

Q.0.4　开始试验的时间：预制桩在砂土中入土 7d 后；粘性土不得少于 15d；对于饱和软粘土不得少于 25d。灌注桩应在桩身混凝土达到设计强度后，才能进行。

Q.0.5　加荷分级不应小于 8 级，每级加载量宜为预估极限荷载的 1/8～1/10。

Q.0.6　测读桩沉降量的间隔时间：每级加载后，每第 5、10、15min

时各测读一次，以后每隔 15min 读一次，累计 1h 后每隔半小时读一次。

Q.0.7 在每级荷载作用下，桩的沉降量连续两次在每小时内小于 0.1mm 时可视为稳定。

Q.0.8 符合下列条件之一时可终止加载：

1 当荷载～沉降（$Q \sim s$）曲线上有可判定极限承载力的陡降段，且桩顶总沉降量超过 40mm；

2 $\frac{\Delta s_{n+1}}{\Delta s_n} \geqslant 2$，且经 24h 尚未达到稳定；

3 25m 以上的非嵌岩桩；$Q \sim s$ 曲线呈缓变型时，桩顶总沉降量大于 60～80mm；

4 在特殊条件下，可根据具体要求加载至桩顶总沉降量大于 100mm。

注：1 Δs_n——第 n 级荷载的沉降增量；Δs_{n+1}——第 $n+1$ 级荷载的沉降增量；

2 桩底支承在坚硬岩（土）层上，桩的沉降量很小时，最大加载量不应小于设计荷载的两倍。

Q.0.9 卸载观测：每级卸载值为加载值的两倍。卸载后隔 15min 测读一次，读两次后，隔半小时再读一次，即可卸下一级荷载。全部卸载后，隔 3～4h 再测读一次。

Q.0.10 单桩竖向极限承载力应按下列方法确定：

1 作荷载～沉降（$Q \sim s$）曲线和其他辅助分析所需的曲线。

2 当陡降段明显时，取相应于陡降段起点的荷载值。

3 当现本附录 Q.0.8 第二款的情况，取前一级荷载值。

4 $Q \sim s$ 曲线呈缓变型时，取桩顶总沉降量 $s = 40$mm 所对应的荷载值，当桩长大于 40m 时，宜考虑桩身的弹性压缩。

5 按上述方法判断有困难时，可结合其他辅助分析方法综合判定。对桩基沉降有特殊要求者应根据具体情况选取。

6 参加统计的试桩，当满足其极差不超过平均值的 30%时，可取其平均值为单桩竖向极限承载力。极差超过平均值的 30%

时,宜增加试桩数量并分析离差过大的原因,结合工程具体情况确定极限承载力。

注:对桩数为3根及2根以下的柱下桩台,取最小值。

7 将单桩竖向极限承载力除以安全系数2,为单桩竖向承载力特征值 R_a。

附录X　土层锚杆试验要点

X.0.1　试验锚杆不应少于3根,用作试验的锚杆参数、材料及施工工艺应与工程锚杆相同;

X.0.2　最大试验荷载Q_{max}所产生的应力不应超过钢丝、钢绞线、钢筋强度标准值的0.8倍;

X.0.3　粘性土层锚杆试验加载等级与测读锚头位移应遵守下列规定:

1　采用循环加载,初始荷载宜取$A \cdot f_{ptk}$的0.1倍。每级加载增量宜取$A \cdot f_{ptk}$的1/10～1/15;

2　砂土、粘性土层锚杆加载等级与观测时间应符合表X.0.3的规定;

砂土、粘性土层锚杆试验加载等级与锚头位移测读时间

表X.0.3

测试时间间隔(min) / 每次循环累计加载量($A \cdot f_{ptk}$%) / 循环加载次数	加载段				卸载段		
	5	5	5	10	5	5	5
初始荷载	—	—	—	10	—	—	—
第一循环	10	—	—	30	—	—	10
第二循环	10	20	30	40	30	20	10
第三循环	10	30	40	50	40	30	10
第四循环	10	30	50	60	50	30	10
第五循环	10	30	50	70	50	30	10
第六循环	10	30	60	80	60	30	10

3　在每级加载观测时间内,测读锚头位移不应少于3次;

4　在每级加载观测时间内,当锚头位移增量不大于0.1mm

时，可施加下一级荷载；不满足时应在锚头位移增量 2h 以内小于 2mm 时，再施加下一级荷载。

X.0.4 锚杆试验所得的总弹性位移应超过自由段长度理论弹性伸长量的 80%，且应小于自由段长度与 1/2 锚固段长度之和的理论弹性伸长量。

X.0.5 锚杆试验终止条件应符合下列规定：

1 后一级荷载产生的锚头位移增量达到或超过前一级荷载产生位移增量的 2 倍；

2 某级荷载下锚头总位移不收敛；

3 锚头总位移超过设计允许位移值；

X.0.6 试验报告应绘制锚杆荷载——位移(Q-s)曲线；锚杆荷载——弹性位移(Q-s_e)曲线；锚杆荷载——塑性位移(Q-s_p)曲线。

X.0.7 锚杆的极限承载力应取终止试验荷载的前一级荷载的 95%。

参加统计的试验锚杆，当满足其极差不超过平均值的 30% 时，可取其平均值为锚杆极限承载力。极差超过平均值的 30% 时，宜增加试验量并分析离差过大的原因，结合工程具体情况确定极限承载力。

X.0.8 将锚杆极限承载力除以安全系数 2，即为锚杆抗拔承载力特征值 R_t。

2. 岩土工程勘察规范

第十章　原　位　测　试

10.1　一　般　规　定

10.1.1　原位测试方法应根据岩土条件、设计对参数的要求、地区经验和测试方法的适用性等因素选用。

10.1.2　根据原位测试成果，利用地区性经验估算岩土工程特性参数和对岩土工程问题做出评价时，应与室内试验和工程反算参数作对比，检验其可靠性。

10.1.3　原位测试的仪器设备应定期检验和标定。

10.1.4　分析原位测试成果资料时，应注意仪器设备、试验条件、试验方法等对试验的影响，结合地层条件，剔除异常数据。

10.2　载　荷　试　验

10.2.1　载荷试验可用于测定承压板下应力主要影响范围内岩土的承载力和变形特性。浅层平板载荷试验适用于浅层地基土；深层平板载荷试验适用于埋深等于或大于 3m 和地下水位以上的地基土；螺旋板载荷试验适用于深层地基土或地下水位以下的地基土。

10.2.2　载荷试验应布置在有代表性的地点，每个场地不宜少于 3 个，当场地内岩土体不均时，应适当增加。浅层平板载荷试验应布置在基础底面标高处。

10.2.3　载荷试验的技术要求应符合下列规定：

1　浅层平板载荷试验的试坑宽度或直径不应小于承压板宽度或直径的三倍；深层平板载荷试验的试井直径应等于承压板直径；当试井直径大于承压板直径时，紧靠承压板周围土的高度不应小于承压板直径；

2 试坑或试井底的岩土应避免扰动，保持其原状结构和天然湿度，并在承压板下铺设不超过20mm的砂垫层找平，尽快安装试验设备；螺旋板头入土时，应按每转一圈下入一个螺距进行操作，减少对土的扰动；

3 载荷试验宜采用圆形刚性承压板，根据土的软硬或岩体裂隙密度选用合适的尺寸；土的浅层平板载荷试验承压板面积不应小于0.25m^2，对软土和粒径较大的填土不应小于0.5m^2；土的深层平板载荷试验承压板面积宜先用0.5m^2；岩石载荷试验承压板的面积不宜小于0.07m^2；

4 载荷试验加荷方式应采用分级维持载荷沉降相对稳定法（常规慢速法）；有地区经验时，可采用分级加荷沉降非稳定法（快速法）或等沉降速率法；加荷等级宜取10～12级，并不应少于8级，载荷量测精度不应低于最大载荷的±1%；

5 承压板的沉降可采用百分表或电测位移计量测，其精度不应低于±0.01mm；

6 对慢速法，当试验对象为土体时，每级载荷施加后，间隔5min、5min、10min、10min、15min、15min测读一次沉降，以后间隔30min测读一次沉降，当连续两小时每小时沉降量小于等于0.1mm时，可认为沉降已达相对稳定标准，施加下一级载荷；当试验对象是岩体时，间隔1min、2min、2min、5min测读一次沉降，以后每隔10min测读一次，当连续三次读数差小于等于0.01mm时，可认为沉降已达相对稳定标准，施加下一级载荷；

7 当出现下列情况之一时，可终止试验：

① 承压板周边的土出现明显侧向挤出，周边岩土出现明显隆起或径向裂缝持续发展；

② 本级载荷的沉降量大于前级载荷沉降量的5倍，载荷与沉降曲线出现明显陡降；

③ 在某级载荷下24h沉降速率不能达到相对稳定标准；

④ 总沉降量与承压板直径（或宽度）之比超过0.06。

10.2.4 根据载荷试验成果分析要求,应绘制荷载(p)与沉降(s)曲线,必要时绘制各级载荷下沉降(s)与时间(t)或时间对数($\lg t$)曲线。

应根据 p-s 曲线拐点,必要时结合 s-$\lg t$ 曲线特征,确定比例界限压力和极限压力。当 p-s 呈缓变曲线时,可取对应于某一相对沉降值(即 s/d,d 为承压板直径)的压力评定地基土承载力。

10.2.5 土的变形模量应根据 p-s 曲线的初始直线段,可按均质各向同性半无限弹性介质的弹性理论计算。

浅层平板载荷试验的变形模量 E_0(MPa),可按下式计算:

$$E_0 = I_0(1-\mu^2)\frac{pd}{s} \tag{10.2.5-1}$$

深层平板载荷试验和螺旋板载荷试验的变形模量 E_0(MPa),可按下式计算:

$$E_0 = \omega\frac{pd}{s} \tag{10.2.5-2}$$

式中 I_0——刚性承压板的形状系数,圆形承压板取 0.785;方形承压板取 0.886;

μ——土的泊松比(碎石土取 0.27,砂土取 0.30,粉土取 0.35,粉质粘土取 0.38,粘土取 0.42);

d——承压板直径或边长(m);

p——p-s 曲线线性段的压力(kPa);

s——与 p 对应的沉降(mm);

ω——与试验深度和土类有关的系数,可按表 10.2.5 选用。

沉层载荷试验计算系数 ω **表 10.2.5**

土类 / d/z	碎石土	砂土	粉土	粉质粘土	粘土
0.30	0.477	0.489	0.491	0.515	0.524

续表

土类 / d/z	碎石土	砂土	粉土	粉质粘土	粘土
0.25	0.469	0.480	0.482	0.506	0.514
0.20	0.460	0.471	0.474	0.497	0.505
0.15	0.444	0.454	0.457	0.479	0.487
0.10	0.435	0.446	0.448	0.470	0.478
0.05	0.427	0.437	0.439	0.461	0.468
0.01	0.418	0.429	0.431	0.452	0.459

注：d/z 为承压板直径和承压板底面深度之比。

10.2.6 基准基床系数 K_V 可根据承压板边长为 30cm 的平板载荷试验，按下式计算：

$$K_V = \frac{p}{s} \tag{10.2.6}$$

10.3 静力触探试验

10.3.1 静力触探试验适用于软土、一般粘性土、粉土、砂土和含少量碎石的土。静力触探可根据工程需要采用单桥探头、双桥探头或带孔隙水压力量测的单、双桥探头，可测定比贯入阻力（ps）、锥尖阻力（q_c）、侧壁摩阻力（f_s）和贯入时的孔隙水压力（u）。

10.3.2 静力触探试验的技术要求应符合下列规定：

1 探头圆锥锥底截面积应采用 $10m^2$ 或 $15cm^2$，单桥探头侧壁高度应分别采用 57mm 或 70mm，双桥探头侧壁面积应采用 150～$300cm^2$，锥尖锥角应为 60°；

2 探头应匀速垂直压入土中，贯入速率为 1.2m/min；

3 探头测力传感器应连同仪器、电缆进行定期标定，室内探头标定测力传感器的非线性误差、重复性误差、滞后误差、温度漂移、归零误差均应小于 1%FS，现场试验归零误差应小于 3%，绝缘电阻不小于 500MΩ；

4 深度记录的误差不应大于触探深度的 ±1%；

5 当贯入深度超过30m,或穿过厚层软土后再贯入硬土层时,应采取措施防止孔斜或断杆,也可配置测斜探头,量测触探孔的偏斜角,校正土层界线的深度;

6 孔压探头在贯入前,应在室内保证探头应变腔为已排除气泡的液体所饱和,并在现场采取措施保持探头的饱和状态,直至探头进入地下水位以下的土层为止;在孔压静探试验过程中不得上提探头;

7 当在预定深度进行孔压消散试验时,应量测停止贯入后不同时间的孔压值,其计时间隔由密而疏合理控制;试验过程不得松动探杆。

10.3.3 静力触探试验成果分析应包括下列内容:

1 绘制各种贯入曲线:单桥和双桥探头应绘制 p_s-z 曲线、q_c-z 曲线、f_s-z 曲线、R_f-z 曲线;孔压探头尚应绘制 u_i-z 曲线、q_t-z 曲线、f_t-z 曲线、B_q-z 曲线和孔压消散曲线:u_t-lg$t$ 曲线;

其中 R_f——摩阻比;

u_i——孔压探头贯入土中量测的孔隙水压力(即初始孔压);

q_t——真锥头阻力(经孔压修正);

f_t——真侧壁摩阻力(经孔压修正);

B_q——静探孔压系数,$B_q = \frac{u_i - u_0}{q_t - \sigma_{v0}}$;

u_0——试验深度处静水压力(kPa);

σ_{v0}——试验深度处总上覆压力(kPa);

u_t——孔压消散过程时刻 t 的孔隙水压力。

2 根据贯入曲线的线型特征,结合相邻钻孔资料和地区经验,划分土层和判定土类;计算各土层静力触探有关试验数据的平均值,或对数据进行统计分析,提供静力触探数据的空间变化规律。

10.3.4 根据静力触探资料,利用地区经验,可进行力学分层,估算土的塑性状态或密实度、强度、压缩性、地基承载力、单桩承载力、沉桩阻力，进行液化判别等。根据孔压消散曲线可估算土的固结系数和渗透系数。

10.4 圆锥动力触探试验

10.4.1 圆锥动力触探试验的类型可分为轻型、重型和超重型三种，其规格和适用土类应符合表 10.4.1 的规定。

圆锥动力触探类型 表 10.4.1

类型		轻型	重型	超重型
落锤	锤的质量(kg)	10	63.5	120
	落距(cm)	50	76	100
探头	直径(mm)	40	74	74
	锥角(°)	60	60	60
探杆直径(mm)		25	42	50～60
指标		贯入 30cm 的读数 N_{10}	贯入 10cm 的读数 $N_{63.5}$	贯入 10cm 的读数 N_{120}
主要适用适土		浅部的填土、砂土、粉土、粘性土	砂土、中密以下的碎石土、极软岩	密实和很密的碎石土、软岩、极软岩

10.4.2 圆锥动力触探试验技术要求应符合下列规定：

1 采用自动落锤装置；

2 触探杆最大偏斜度不应超过 2%，锤击贯入应连续进行；同时防止锤击偏心、探杆倾斜和侧向晃动，保持探杆垂直度；锤击速率每分钟宜为 15～30 击；

3 每贯入 1m，宜将探杆转动一圈半；当贯入深度超过 10m，每贯入 20cm 宜转动探杆一次；

4 对轻型动力触探，当 $N_{10}>100$ 或贯入 15cm 锤击数超过 50 时，可停止试验；对重型动力触探，当连续三次 $N_{63.5}>50$ 时，可停止试验或改用超重型动力触探。

10.4.3 圆锥动力触探试验成果分析应包括下列内容：

1 单孔连续圆锥动力触探试验应绘制锤击数与贯入深度关

系曲线;

2 计算单孔分层贯入指标平均值时,应剔除临界深度以内的数值、超前和滞后影响范围内的异常值;

3 根据各孔分层的贯入指标平均值,用厚度加权平均法计算场地分层贯入指标平均值和变异系数。

10.4.4 根据圆锥动力触探试验指标和地区经验,可进行力学分层,评定土的均匀性和物理性质(状态、密实度)、土的强度、变形参数、地基承载力、单桩承载力,查明土洞、滑动面、软硬土层界面,检测地基处理效果等。应用试验成果时是否修正或如何修正,应根据建立统计关系时的具体情况确定。

10.5 标准贯入试验

10.5.1 标准贯入试验适用于砂土、粉土和一般粘性土。

10.5.2 标准贯入试验的设备应符合表10.5.2的规定。

标准贯入试验设备规格 **表 10.5.2**

<table>
<tr><td rowspan="2" colspan="2">落　锤</td><td>锤的质量(kg)</td><td>63.5</td></tr>
<tr><td>落　　距(cm)</td><td>76</td></tr>
<tr><td rowspan="6">贯 入 器</td><td rowspan="3">对 开 管</td><td>长　　度(mm)</td><td>>500</td></tr>
<tr><td>外　　径(mm)</td><td>51</td></tr>
<tr><td>内　　径(mm)</td><td>35</td></tr>
<tr><td rowspan="3">管　　靴</td><td>长　　度(mm)</td><td>50~76</td></tr>
<tr><td>刃口角度(°)</td><td>18~20</td></tr>
<tr><td>刃口单刃厚度(mm)</td><td>2.5</td></tr>
<tr><td rowspan="2" colspan="2">钻　　杆</td><td>直　　径(mm)</td><td>42</td></tr>
<tr><td>相对弯曲</td><td><1/1000</td></tr>
</table>

10.5.3 标准贯入试验的技术要求应符合下列规定:

1 标准贯入试验孔采用回转钻进,并保持孔内水位略高于地下水位。当孔壁不稳定时,可用泥浆护壁,钻至试验标高以上15cm处,清除孔底残土后再进行试验;

2 采用自动脱钩的自由落锤法进行锤击,并减小导向杆与锤间的摩阻力,避免锤击时的偏心和侧向晃动,保持贯入器、探杆、导向杆联接后的垂直度,锤击速率应小于 30 击/min;

3 贯入器打入土中 15cm 后,开始记录每打入 10cm 的锤击数,累计打入 30cm 的锤迴数为标准贯入试验锤击数 N。当锤击数已达 50 击,而贯入深度未达 30cm 时,可记录 50 击的实际贯入深度,按下式换算成相当于 30cm 的标准贯入试验锤击数 N,并终止试验。

$$N=30\times\frac{50}{\Delta S} \tag{10.5.3}$$

式中 ΔS——50 击时的贯入度(cm)。

10.5.4 标准贯入试验成果 N 可直接标在工程地质剖面图上,也可绘制单孔标准贯入击数 N 与深度关系曲线或直方图。统计分层标贯击数平均值时,应剔除异常值。

10.5.5 标准贯入试验锤击数 N 值,可对砂土、粉土、粘性土的物理状态,土的强度、栾形参数、地基承载力、单桩承载力,砂土和粉的液化,成桩的可能性等做出评价。应用 N 值时是否修正和如何修正,应根据建立统计关系时的具体情况确定。

10.6 十字板剪切试验

10.6.1 十字板剪切试验可用于测定饱和软粘性土($\varphi\approx0$)的不排水抗剪强度和灵敏度。

10.6.2 十字板剪切试验点的布置,对均质土竖向间距可为 1m,对非均质或夹薄层粉细砂的软粘性土,宜先作静力触探,结合土层变化,选择软粘土进行试验。

10.6.3 十字板剪切试验的主要技术要求应符合下列规定:

1 十字板板头形状宜为矩形,径高为 1:2,板厚宜为 2~3mm;

2 十字板头插入钻孔底的深度不应小于钻孔或套管直径的 3~5 倍;

3　十字板插入至试验深度后，至少应静止 2～3min，方可开始试验；

4　扭转剪切速率宜采用(1°～2°)/10s，并应在测得峰值强度后继续测记 1min；

5　在峰值强度或稳定值测试完后，顺扭转方向连续转动 6 圈后，测定重塑土的不排水抗剪强度；

6　对开口钢环十字板剪切仪，应修正轴杆与土间的摩阻力的影响。

10.6.4　十字板剪切试验成果分析应包括下列内容：

1　计算各试验点土的不排水抗剪峰值强度、残余强度、重塑土强度和灵敏度；

2　绘制单孔十字板剪切试验土的不排水抗剪峰值强度、残余强度、重塑土强度和灵敏度随深度的变化曲线，需要时绘制抗剪强度与扭转角度的关系曲线；

3　根据土层条件和地区经验，对实测的十字板不排水抗剪强度进行修正。

10.6.5　十字板剪切试验成果可按地区经验，确定地基承载力、单桩承载力，计算边坡稳定，判定软粘性土的固结历史。

10.7　旁　压　试　验

10.7.1　旁压试验适用于粘性土、粉土、砂土、碎石土、残积土、极软岩和软岩等。

10.7.2　旁压试验应在有代表性的位置和深度进行，旁压器的量测腔应在同一土层内。试验点的垂直间距应根据地层条件和工程要求确定，但不宜小于 1m，试验孔与已有钻孔的水平距离不宜小于 1m。

10.7.3　旁压试验的技术要求应符合下列规定：

1　预钻式旁压试验应保证成孔质量，钻孔直径与旁压器直径应良好配合，防止孔壁坍塌；自钻式旁压试验的自钻钻头、钻头转速、钻进速率、刃口距离、泥浆压力和流量等应符合有关规定；

2　加荷等级可采用预期临塑压力的1/5～1/7,初始阶段加荷等级可取小值,必要时,可作卸荷再加荷试验,测定再加荷旁压模量;

3　每级压力应维持1min或2min后再施加下一级压力,维持1min时,加荷后15s、30s、60s测读变形量,维持2min时,加荷后15s、30s、60s、120s测读变形量;

4　当量测腔的扩张体积相当于量测腔的固有体积时,或压力达到仪器的容许量大压力量,应终止试验。

10.7.4　旁压试验成果分析应包括下列内容:

1　对各级压力和相应的扩张体积(或换算为半径增量)分别进行约束力和体积的修正后,绘制压力与体积曲线,需要时可作蠕变曲线;

2　根据压力与体积曲线,结合蠕变曲线确定初始压力、临塑压力和极限压力;

3　根据压力与体积曲线的直线段斜率,按下式计算旁压模量:

$$E_m = 2(1+\mu)\left(V_c + \frac{V_0 + V_f}{2}\right)\frac{\Delta p}{\Delta V} \qquad (10.7.4)$$

式中　E_m——旁压模量(kPa);

μ——泊松比,按式10.2.5取值;

V_c——旁压器量测腔初始固有体积(cm^3);

V_0——与初始压力(p_0)对应的体积(cm^3);

V_f——与临塑压力p_f对应的体积(cm^3);

$\Delta p/\Delta V$——旁压曲线直线段的斜率(kPa/cm^3)。

10.7.5　根据初始压力、临塑压力、极限压力和旁压模量,结合地区经验可评定地基承载力和变形参数。根据自钻式旁压试验的旁压曲线,还可测求土的原位水平应力、静止侧压力系数、不排水抗剪强度等。

10.8 扁铲侧胀试验

10.8.1 扁铲侧胀试验适用于软土、一般粘性土、粉土、黄土和松散～中密的砂土。

10.8.2 扁铲侧胀试验技术要求应符合下列规定：

1 扁铲侧胀试验探头长 230～240mm、宽 94～96mm、厚 14～16mm；探头前缘刃角 12°～16°，探头侧面钢膜片的直径 60mm；

2 每孔试验前后均应进行探头率定，取试验前后的平均值为修正值；膜片的合格标准为：

率定时膨胀至 0.05mm 的气压实测值 $\Delta A = 5 \sim 25$kPa；

率定时膨胀至 1.10mm 的气压实测值 $\Delta B = 10 \sim 110$kPa；

3 试验时，应以静力匀速将探头贯入土中，贯入速率宜为 2cm/s；试验点间距可取 20～50cm；

4 探头达到预定深度后，应匀速加压和减压测定膜片膨胀至 0.05mm、1.610mm 和回到 0.05mm 的压力 A、B、C 值；

5 扁铲侧胀消散试验，应在需测试的深度进行，测读时间间隔可取 1min、2min、4min、8min、15min、30min、90min，以后每 90min 测读一次，直至消散结束。

10.8.3 扁铲侧胀试验成果分析应包括下列内容：

1 对试验的实测数据进行膜片刚度修正：

$$p_0 = 1.05(A - z_m + \Delta A) - 0.05(B - z_m - \Delta B) \tag{10.8.3-1}$$

$$p_1 = B - z_m - \Delta B \tag{10.8.3-2}$$

$$p_2 = C - z_m + \Delta A \tag{10.8.3-3}$$

式中 p_0——膜片向土中膨胀之前的接触压力(kPa)；

p_1——膜片膨胀至 1.10mm 时的压力(kPa)；

p_2——膜片回到 0.05mm 时的终止压力(kPa)；

z_m——调零前的压力表初读数(kPa)。

2 根据 p_0、p_1 和 p_2 计算下列指标：

$$E_D = 34.7(p_1 - p_0) \tag{10.8.3-4}$$

$$K_D = (p_0 - u_0)/\sigma_{v0} \tag{10.8.3-5}$$

$$I_D = (p_1 - p_0)/(p_0 - u_0) \tag{10.8.3-6}$$

$$U_D = (p_2 - u_0)/(p_0 - u_0) \tag{10.8.3-7}$$

式中 E_D——侧胀模量(kPa);

K_D——侧胀水平应力指数;

I_D——侧胀土性指数;

U_D——侧胀孔压指数;

u_0——试验深度处的静水压力(kPa);

σ_{v0}——试验深度处土的有效上覆压力(kPa)。

3 绘制 E_D、I_D、K_D 和 U_D 与深度的关系曲线。

10.8.4 根据扁铲侧胀试验指标和地区经验,可判别土类,确定粘性土的状态、静止侧压力系数、水平基床系数等。

10.9 现场直接剪切试验

10.9.1 现场直剪试验可用于岩土体本身、岩土体沿软弱结构面和岩体与其他材料接触面的剪切试验,可分为岩土体试体在法向应力作用下沿剪切面剪切破坏的抗剪断试验,岩土体剪断后沿剪切面继续剪切的抗剪试验(摩擦试验),法向应力为零时岩体剪切的抗切试验。

10.9.2 现场直剪试验可在试洞、试坑、探槽或大口径钻孔内进行。当剪切面水平或近于水平时,可采用平推法或斜推法;当剪切面较陡时,可采用楔形体法。

同一组试验体的岩性应基本相同,受力状态应与岩土体在工程中的实际受力状态相近。

10.9.3 现场直剪试验每组岩体不宜少于5个。剪切面积不得小于0.25m^2。试体最小边长不宜小于50cm,高度不宜小于最小边长的0.5倍。试体之间的距离应大于最小边长的1.5倍。

每组土体试验不宜少于3个。剪切面积不宜小于0.3m^2,高度不宜小于 20cm 或为最大粒径的 4～8 倍，剪切面开缝应为最小粒径的 1/3～1/4。

10.9.4 现场直剪试验的技术要求应符合下列规定：

1 开挖试坑时应避免对试体的扰动和含水量的显著变化；在地下水位以下试验时，应避免水压力和渗流对试验的影响；

2 施加的法向荷载、剪切荷载应位于剪切面、剪切缝的中心；或使法向荷载与剪切荷载的合力通过剪切面的中心，并保持法向荷载不变；

3 最大法向荷载应大于设计荷载，并按等量分级；荷载精度应为试验最大荷载的 ±2%；

4 第一试体的法向荷载可分 4～5 级施加；当法向变形达到相对稳定时，即可施加剪切荷载；

5 每级剪切荷载按预估最大荷载的 8%～10% 分级等量施加，或按法向荷载的 5%～10% 分级等量施加；岩体按第 5～10min，土体按每 30s 施加一级剪切荷载；

6 当剪切变形急剧增长或剪切变形达到试体尺寸的 1/10 时，可终止试验；

7 根据剪切位移大于 10mm 时的试验成果确定残余抗剪强度，需要时可沿剪切面继续进行摩擦试验。

10.9.5 现场直剪试验成果分析应包括下列内容：

1 绘制剪切应力与剪切位移曲线、剪应力与垂直位移曲线，确定比例强度、屈服强度、峰值强度、剪胀点和剪胀强度；

2 绘制法向应力与比例强度、屈服强度、峰值强度、残余强度的曲线，确定相应的强度参数。

10.10 波 速 测 试

10.10.1 波速测试适用于测定各类岩土体的压缩波、剪切波或瑞利波的波速，可根据任务要求，采用单孔法、跨孔法或面波法。

10.10.2 单孔法波速测试的技术要求应符合下列规定：

1 测试孔应垂直；

2 将三分量检波器固定在孔内预定深度处，并紧贴孔壁；

3 可采用地面激振或孔内激振；

4 应结合土层布置测点，测点的垂直间距宜取1～3m。层位变化处加密，并宜自下而上逐点测试。

10.10.3 跨孔法波速测试的技术要求应符合下列规定：

1 振源孔和测试孔，应布置在一条直线上；

2 测试孔的孔距在土层中宜取2～5m，在岩层中宜取8～15m，测点垂直间距宜取1～2m；近地表测点宜布置在0.4倍孔距的深度处，震源和检波器应置于同一地层的相同标高处；

3 当测试深度大于15m时，应进行激振孔和测试孔倾斜度和倾斜方位的量测，测点间距宜取1m。

10.10.4 面波法波速测试可采用瞬态法或稳态法，宜采用低频检波器，道间距可根据场地条件通过试验确定。

10.10.5 波速测试成果分析应包括下列内容：

1 在波形记录上识别压缩波和剪切波的初至时间；

2 计算由振源到达测点的距离；

3 根据波的传播时间和距离确定波速；

4 计算岩土小应变的动弹性模量、动剪切模量和动泊松比。

10.11 岩体原位应力测试

10.11.1 岩体应力测试适用于无水、完整或较完整的岩体。可采用孔壁应变法、孔径变形法和孔底应变法测求岩体空间应力和平面应力。

10.11.2 测试岩体原始应力时，测点深度应超过应力扰动影响区；在地下洞室中进行测试时，测点深度应超过洞室直径的二倍。

10.11.3 岩体应力测试技术要求应符合下列规定：

1 在测点测段内，岩性应均一完整；

2 测试孔的孔壁、孔底应光滑、平整、干燥；

3 稳定标准为连续三次读数(每隔10min读一次)之差不超过5$\mu\varepsilon$；

4 同一钻孔内的测试读数不应少于三次。

10.11.4 岩芯应力解除后的围压试验应在24h内进行；压力宜分5~10级，最大压力应大于预估岩体最大主应力。

10.11.5 测试成果整理应符合下列要求：

1 根据测试成果计算岩体平面应力和空间应力，计算方法应符合现行国家标准《工程岩体试验方法标准》(GB/T 50266)的规定；

2 根据岩芯解除应变值和解除深度，绘制解除过程曲线；

3 根据围压试验资料，绘制压力与应变关系曲线，计算岩石弹性常数。

10.12 激振法测试

10.12.1 激振法测试可用于测定天然地基和人工地基的动力特性，为动力机器基础设计提供地基刚度、阻尼比和参振质量。

10.12.2 激振法测试应采用强迫振动方法，有条件时宜同时采用强迫振动和自由振动两种测试方法。

10.12.3 进行激振法测试时，应搜集机器性能、基础形式、基底标高、地基土性质和均匀性、地下构筑物和干扰振源等资料。

10.12.4 激振法测试的技术要求应符合下列规定：

1 机械式激振设备的最低工作频率宜为3~5Hz，最高工作频率宜大于60Hz；电磁激振设备的扰力不宜小于600N；

2 块体基础的尺寸宜采用2.0m×1.5m×1.0m。在同一地层条件下，宜采用两个块体基础进行对比试验，基底面积一致，高度分别为1.0m和1.5m；桩基测试应采用两根桩，桩间距取设计间距；桩台边缘至桩轴的距离可取桩间距的1/2，桩台的长宽比应为2∶1，高度不宜小于1.6m；当进行不同桩数的对比试验时，应增加桩数和相应桩台面积；测试基础的混凝土强度等级不宜低于C15；

3 测试基础应置于拟建基础附近和性质类似的土层上，其底面标高应与拟建基础底面标高一致；

4　应分别进行明置和埋置两种情况的测试,埋置基础的回填土应分层夯实;

5　仪器设备的精度,安装、测试方法和要求等,应符合现行国家标准《地基动力特性测试规范》(GB/T 50269)的规定。

10.12.5　激振法测试成果分析应包括下列内容:

1　强迫振动测试应绘制下列幅频响应曲线:

① 竖向振动为竖向振幅随频率变化的幅频响应曲线(A_z-f 曲线);

② 平回转耦合振动为水平振幅随频率变化的幅频响应曲线($A_{x\varphi}$-f 曲线)和竖向振幅随频率变化的幅频响应曲线($A_{z\varphi}$-f 曲线);

③ 扭转振动为扭转扰力矩作用下的水平振幅随频率变化的幅频响应曲线($A_{z\varphi}$-f 曲线);

2　自由振动测试应绘制下列波形图:

① 竖向自由振动波形图;

② 水平回转耦合振动波形图;

3　根据强迫振动测试的幅频响应曲线和自由振动测试的波形图,按现行国家标准《地基动力特性测试规范》(GB/T 50269)计算地基刚度系数、阻尼比和参振质量。

第十一章 室 内 试 验

11.1 一 般 规 定

11.1.1 岩土性质的室内试验项目和试验方法应符合本章的规定,其具体操作和试验仪器应符合现行国家标准《土工试验方法标准》(GB/T 50123)和国家标准《工程岩体试验方法标准》(GB/T 50266)的规定。岩土工程评价时所选用的参数值,宜与相应的原位测试成果或原型观测反分析成果比较,经修正后确定。

11.1.2 试验项目和试验方法,应根据工程要求和岩土性质的特点确定。当需要时应考虑岩土的原位应力场和应力历史,工程活动引起的新应力场和新边界条件,使试验条件尽可能接近实际;并应注意岩土的非均质性、非等向性和不连续性以及由此产生的岩土体与岩土试样在工程性状上的差别。

11.1.3 对特种试验项目,应制定专门的试验方案。

11.1.4 制备试栏前,应对岩土的重要性状做肉眼鉴定和简要描述。

11.2 土的物理性质试验

11.2.1 各类工程均应测定下列土的分类指标和物理性质指标:

砂土:颗粒级配、比重、天然含水量、天然密度、最大和最小密度。

粉土:颗粒级配、液限、塑限、比重、天然含水量、天然密度和有机质含量。

粘性土:液限、塑限、比重、天然含水量、天然密度和有机质含量。

注:1. 对砂土,如无法取得Ⅰ级、Ⅱ级、Ⅲ级土试样时,可只进行颗粒级

配试验；

2．目测鉴定不含有机质时，可不进行有机质含量试验。

11.2.2 测定液限时，应根据分类评价要求，选用现行国家标准《土工试验方法标准》(GB/T 50123)规定的方法，并应在试验报告上注明。有经验的地区，比重可根据经验确定。

11.2.3 当需进行渗流分析，基坑降水设计等要求提供土的透水性参数时，可进行渗透试验。常水头试验适用于砂土和碎石土；变水头试验适用于粉土和粘性土；透水性很低的软土可通过固结试验测定固结系数、体积压缩系数，计算渗透系数。土的渗透系数取值应与野外抽水试验或注水试验的成果比较后确定。

11.2.4 当需对土方回填或填筑工程进行质量控制时，应进行击实试验，测定土的干密度与含水量关系，确定最大干密度和最优含水量。

11.3 土的压缩——固结试验

11.3.1 当采用压缩模量进行沉降计算时，固结试验最大压力应大于土的有效自重压力与附加压力之和，试验成果可用 e-p 曲线整理，压缩系数和压缩模量的计算应取自土的有效自重压力至土的有效自重压力与附加压力之和的压力段。当考虑基坑开挖卸荷和再加荷影响时，应进行回弹试验，其压力的施加应模拟实际的加、卸荷状态。

11.3.2 当考虑土的应力历史进行沉降计算时，试验成果应按 e-$\lg p$ 曲线整理，确定先期固结压力并计算压缩指数和回弹指数。施加的最大压力应满足绘制完整的 e-$\lg p$ 曲线。为计算回弹指数，应在估计的先期固结压力之后，进行一次卸荷回弹，再继续加荷，直至完成预定的最后一级压力。

11.3.3 当需进行沉降历时关系分析时，应选取部分土试样在土的有效自重压力与附加压力之和的压力下，作详细的固结历时记录，并计算固结系数。

11.3.4 对厚层高压缩性软土上的工程，任务需要时应取一定数量的土试样测定次固结系数,用以计算次固结沉降及其历时关系。

11.3.5 当需进行土的应力应变关系分析,为非线性弹性、弹塑性模型提供参数时,可进行三轴压缩试验,并宜符合下列要求:

1 采用三个或三个以上不同的固定围压,分别使试样固结,然后逐级增加轴压,直至破坏;每个围压的试验宜进行一至三次回弹,并将试验结果整理成相应于各固定围压的轴向应力与轴向应变关系曲线;

2 进行围压与轴压相等的等压固结试验,逐级加荷,取得围压与体积应变关系曲线。

11.4 土的抗剪强度试验

11.4.1 三轴剪切试验的试验方法应按下列条件确定:

1 对饱和粘性土,当加荷速率较快时宜采用不固结不排水(UU)试验;饱和软土应对试样在有效自重压力下预固结后再进行试验。

2 对经预压处理的地基、排水条件好的地基、加荷速率不高的工程或加荷速率较快但土的超固结程度较高的工程,以及需验算水位迅速下降时的土坡稳定性时,可采用固结不排水(CU)试验;当需提供有效应力抗剪强度指标时,应采用固结不排水测孔隙水压力($\overline{C}\,\overline{U}$)试验。

11.4.2 直接剪切试验的试验方法,应根据荷载类型、加荷速率和地基土的排水条件确定。对内摩擦角 $\varphi\approx0$ 的软粘土,可用Ⅰ级土试样进行无侧限抗压强度试验。

11.4.3 测定滑坡带等已经存在剪切破裂面的抗剪强度时,应进行残余强度试验。在确定计算参数时,宜与现场观测反分析的成果比较后确定。

11.4.4 当岩土工程评价有专门要求时,可进行 K_0 固结不排水试验、K_0 固结不排水测孔隙水压力试验。特定应力比固结不排水试验,平面应变压缩试验和平面应变拉伸试验等。

11.5 土的动力性质试验

11.5.1 当工程设计要求测定土的动性性质时,可采用动三轴试验、动单剪试验或共振柱试验。在选择试验方法和仪器时,应注意其动应变的适用范围。

11.5.2 动三轴和动单剪试验可用于测定土的下列动力性质:

1 动弹性模量、动阻尼比及其与动应变的关系;

2 既定循环周数下的动应力与动应变关系;

3 饱和土的液化剪应力与动应力循环周数关系;

11.5.3 共振柱试验可用于测定小动应变时的动弹性模量和动阻尼比。

11.6 岩 石 试 验

11.6.1 岩石的成分和物理性质试验可根据工程需要选定下列项目:

1 岩矿鉴定;

2 颗粒密度和块体密度试验;

3 吸水率和饱和吸水率试验;

4 耐崩解性试验;

5 膨胀试验;

6 冻融试验。

11.6.2 单轴抗压强度试验应分别测定干燥和饱和状态下的强度,并提供极限抗压强度和软化系数。岩石的弹性模量和泊松比,可根据单轴压缩变形试验测定。对各向异性明显的岩石应分别测定平行和垂直层理面的强度。

11.6.3 岩石三轴压缩试验宜根据其应力状态选用四种围压,并提供不同围压下的主应力差与轴向应变关系、抗剪强度包络线和强度参数 c、φ 值。

11.6.4 岩石直接剪切试验可测定岩石以及节理面、滑动面、断层面或岩层层面等不连续面上的抗剪强度,并提供 c、φ 值和各法向应力下的剪应力与位移曲线。

11.6.5 岩石抗拉强度试验可在试件直径方向上，施加一对线性荷载，使试件沿直径方向破坏，间接测定岩石的抗拉强度。

11.6.6 当间接确定岩石的强度和模量时，可进行点荷载试验和声波速度测试。

第十四章

14.3 岩土工程成果报告的基本内容

14.3.1 岩工工程勘察报告所依据的原始资料，应进行整理、检查、分析，确认无误后方可使用。

14.3.2 岩土工程勘察报告应资料完整、真实准确、数据无误、图表清晰、结论有据、建议合理、便于使用和适宜长期保存，并应因地制宜，重点突出，有明确的工程针对性。

14.3.3 岩土工程勘察报告应根据任务要求、勘察阶段、工程特点和地质条件等具体情况编写，并应包括下列内容：

1 勘察目的、任务要求和依据的技术标准；

2 拟建工程概况；

3 勘察方法和勘察工作布置；

4 场地地形、地貌、地层、地质构造、岩土性质及其均匀性；

5 各项岩土性质指标，岩土的强度参数、变形参数、地基承载力的建议值；

6 地下水埋藏情况、类型、水位及其变化；

7 土和水对建筑材料的腐蚀性；

8 可能影响工程稳定的不良地质作用的描述和对工程危害程度的评价；

9 场地稳定性和适宜性的评价。

14.3.4 岩土工程勘察报告应对岩土利用、整治和改造的方案进行分析论证，提出建议；对工程施工和使用期间可能发生的岩土工程问题进行预测，提出监控和预防措施的建议。

14.3.5 成果报告应附下列图件：

1 勘探点平面布置图；

2 工程地质柱状图；

3 工程地质剖面图；

4 原位测试成果图表；

5 室内试验成果图表。

注：当需要时，尚可附综合工程地质图、综合地质柱状图、地下水等水位线图、素描、照片、综合分析图表以及岩土利用、整治和改造方案的有关图表、岩土工程计算简图及计算成果图表等。

14.3.6 对岩土的利用、整治和改造的建议，宜进行不同方案的技术经济论证，并提出对设计、施工和现场监测要求的建议。

14.3.7 任务需要时，可提交下列专题报告：

1 岩土工程测试报告；

2 岩土工程检验或监测报告；

3 岩土工程事故调查与分析报告；

4 岩土利用、整治或改造方案报告；

5 专门岩土工程问题的技术咨询报告。

14.3.8 勘察报告的文字、术语、代号、符号、数字、计量单位、标点，均应符合国家有关标准的规定。

14.3.9 对丙级岩土工程勘察的成果报告内容可适当简化，采用以图表为主，辅以必要的文字说明；对甲级岩土工程勘察的成果报告除应符合本节规定外，尚可对专门性的岩土工程问题提交专门的试验报告、研究报告或监测报告。

3. 建筑地基处理技术规范

复合地基载荷试验要点

一、单桩复合地基载荷试验的压板可用圆形或方形,面积为一根桩承担的处理面积;多桩复合地基载荷试验的压板可用方形或矩形,其尺寸按实际桩数所承担的处理面积确定。

二、压板底高程应与基础底面设计高程相同,压板下宜设中粗砂找平层。

三、加荷等级可分为 8~12 级,总加载量不宜少于设计要求值的两倍。

四、每加一级荷载 Q,在加荷前后应各读记压板沉降 s 一次,以后每半小时读记一次。当一小时内沉降增量小于 0.1mm 时即可加下一级荷载;对饱和粘性土地基中的振冲桩或砂石桩,一小时内沉降增量小于 0.25mm 时即可加下一级荷载。

五、当出现下列现象之一时,可终止试验:

1. 沉降急骤增大、土被挤出或压板周围出现明显的裂缝;
2. 累计的沉降量已大于压板宽度或直径的 10%;
3. 总加载量已为设计要求值的两倍以上。

六、卸荷可分三级等量进行,每卸一级,读记回弹时,直到变形稳定。

七、复合地基承载力基本值的确定:

1. 当 $Q \sim s$ 曲线上有明显的比例极限时,可取该比例极限所对应的荷载;

2. 当极限荷载能确定,而其值又小于对应比例极限荷载值的 1.5 倍时,可取极荷载的一半;

3. 按相对变形的值确定:

(1) 振冲桩和砂石桩复合地基。对以粘性土为主的地基，可取 s/b 或 $s/d=0.02$ 所对应的荷载（b 和 d 分别为压板宽度和直径）；对以粉土或砂土为主的地基，可取 s/b 或 $s/d=0.015$ 所对应的荷载。

(2) 土挤密桩复合地基，可取 s/b 或 $s/d=0.010\sim0.015$ 所对应的荷载；对灰土挤密桩复合地基，可取 s/b 或 $s/d=0.008$ 所对应的荷载。

(3) 深层搅拌桩或旋喷桩复合地基，可取 s/b 或 $s/d=0.004\sim0.010$ 所对应的荷载。

八、试验点数量不应少于 3 点，当满足其极差不超过平均值的 30%时，可取其平均值为复合地基承载力标准值。